刻意认知

让你的大脑一直在线

（Deb Smolensky）

[美] 黛布·斯莫伦斯基 著

丁郡瑜 译

机械工业出版社

CHINA MACHINE PRESS

大脑是我们最强大的工具，但它自从人类诞生以来就没有升级过；大脑的设计初衷是保护我们的安全，而非让人感到快乐。当你不了解大脑的运作方式时，它只是在被动"离线"运行，引发没完没了的恐惧、压力、分心和倦怠。

《刻意认知》基于心理学、神经科学的前沿成果和作者的多年实践，为读者提供了高效实用的个人日常行动指南和组织行动指南，帮助你锻炼大脑"肌肉"、更新操作系统，时刻保持大脑主动"在线"运行。不管你是一名员工还是领导者，这本书都能让你变得心理健康、有创造力、快乐和高效。

Brain On！© 2023 Deb Smolensky. Original English language edition published by Amplify Publishing Group 620 Herndon Parkway，Suite 220，Herndon Virginia 20170，USA. Arranged via Licensor´s Agent：DropCap Inc. All rights reserved.

Simplified Chinese Translation Copyright © 2025 China Machine Press. This edition is authorized for sale in the Chinese mainland（excluding Hong Kong SAR，Macao SAR and Taiwan）.

此版本仅限在中国大陆地区（不包括香港、澳门特别行政区及台湾地区）销售。未经出版者书面许可，不得以任何方式抄袭、复制或节录本书中的任何部分。

北京市版权局著作权合同登记　图字：01-2024-5609 号。

图书在版编目（CIP）数据

刻意认知：让你的大脑一直在线／（美）黛布·斯莫伦斯基（Deb Smolensky）著；丁郡瑜译. -- 北京：机械工业出版社，2025.9. -- ISBN 978-7-111-78784-6

Ⅰ．Q954.5-49

中国国家版本馆 CIP 数据核字第 2025R8F558 号

机械工业出版社（北京市百万庄大街 22 号　邮政编码 100037）
策划编辑：廖　岩　　　　责任编辑：廖　岩　朱婧琬
责任校对：潘　蕊　张昕妍　　责任印制：任维东
河北京平诚乾印刷有限公司印刷
2025 年 9 月第 1 版第 1 次印刷
145mm×210mm・7.625 印张・1 插页・123 千字
标准书号：ISBN 978-7-111-78784-6
定价：69.00 元

电话服务　　　　　　　网络服务
客服电话：010-88361066　机　工　官　网：www.cmpbook.com
　　　　　010-88379833　机　工　官　博：weibo.com/cmp1952
　　　　　010-68326294　金　　书　　网：www.golden-book.com
封底无防伪标均为盗版　机工教育服务网：www.cmpedu.com

对本书的赞誉

我们常常低估了神奇的人类大脑所蕴含的巨大力量。黛布·斯莫伦斯基在本书中深入探讨了前额皮质,以充满活力与喜悦的方式让我们重新认识到,当我们有意识地运用大脑时,一切皆有可能。

——丹尼尔·H. 平克(Daniel H. Pink),《纽约时报》畅销书《驱动力》(*Drive*)、《憾动力》(*The Power of Regret*)、《全新思维》(*A Whole New Mind*)作者

黛布深知人们如今在职场上面临的种种挑战,也了解改进个人和组织的良好机遇。《刻意认知》是一本非常好的书,能激发人们重要的人际交往技能,为职场和工作日注入更多同理心、更多活力、更多幸福感和感恩之心。

——克劳德·西尔弗(Claude Silver),VaynerX 公司首席心灵官

通过学习运用黛布的心理健康练习，组织机构就能更好地为领导层和员工服务。《刻意认知》是一本行动指南，能帮助人们的工作模式发生从内到外的巨大改变。

——斯科特·舒特（Scott Shute），领英公司"正念与同情项目"前负责人，《身心的赞同》（*The Full Body Yes*）作者

黛布在做一项重要的工作，致力于让不同类型的组织运行得更顺畅。我们都认同企业绩效取决于人的表现，但我们对员工的心理健康、能力和技能方面投入不够。黛布想努力改变这一现状。她的方法是理解和强化大脑在线状态，这是改善员工健康、提升企业效益的关键投入因素。

——埃里克·朗舒尔（Eric Langshur），Abundant Venture Partners 公司联合创始人兼管理合伙人

　　我将无限的爱与感激献给我了不起的丈夫大卫，以及女儿阿丽莎和阿什利。感谢你们无条件的爱，并始终对我充满信心。在我状态最佳（大脑在线）时为我欢呼，在我状态不佳时给予支持和鼓励。

　　同时，我也要感谢我的父亲、姐姐朱莉和玛吉阿姨，感谢你们一直鼓励我追逐梦想。

前　言

60多年前，彼得·德鲁克（Peter Drucker）提出"知识工作者"概念，用来形容规模日益增长的"以思考为生"的劳动力群体。现在，全世界大约有10亿人属于脑力劳动者，他们是促进经济变革和社会发展的驱动因素。

20多年前，我开始教授"领导者思维"课程，课程主要基于德鲁克的观点，即管理他人之前，必须先管理好自己——从自我意识管理开始。对管理者来说，系统学习如何管理难以控制的注意力，转移人的下意识反应，颠覆人类的无意识行为，将困难情绪转化为生产力，这样的教育仍然非常稀缺。

同时，知识工作者也是"社会工作者"，因为他们必须和不同团队一起工作，形成有效的人际关系，在扁平型和分散型组织机构的环境里工作，这些都对沟通技巧提出了更高要求。

与此同时，我们还需要重新审视关于种族平等、性别歧视、权威、权力等重要而敏感的问题，也要适应日益变暖且不可预知的气候。我们会发现，自己需要在极其复杂且情绪剧烈波动的情境中保持高效状态。

那么，我们是如何帮助职场人士来适应这些变化的呢？面对人们从体力劳动者向脑力劳动者、需要处理好情绪和社交工作的根本性转变，我们采取了哪些变革性的举措来给予支持呢？一开始，我们创造了"屏风工作站"，把办公室里帮人们保持专注的屏障移除。我们鼓励职场人士像办公桌上的电脑一样，多任务作战，这样导致他们感到精疲力竭。我们又创造了"实时在线"技术，让他们得不到休息和充电的机会。这也就不奇怪人们为什么会崩溃、拒绝返回办公室，或提出辞职了，谁想要这样的生活啊？

对"以思考（感受和社交）为生"的脑力劳动者，我们未能满足他们的实际需求：大脑需求。

直到最近，变化来了。

基于深刻的洞察力和充分的实用主义精神，黛布·斯莫伦斯基（Deb Smolensky）创作了一部易于理解、实用性强且影响深远的作品。她帮助领导者们终于意识到，这个问题一直横亘在我们眼前，却被人们忽视了半个多世纪。知识工作者（甚至所有人类）如果在支持其成长、探索和发展的环境中，就能得到蓬勃发展，如果生活在充满恐惧和威胁的环境中，他们则会枯萎凋零。黛布的天才之处在于，她把这些观点转化成日常管理工作的具体环节。

黛布所探讨的这个话题，通常会被贴上"异想天开""过于感性"的标签，或被认为是带有隐晦优越感的"软技能"。黛布耐心地引导着读者去理解，为什么这些要素对于组织的蓬勃发展至关重要。

黛布就像一位无所不知的阿姨，凭借她几十年来在人力资源管理方面积累的日常实践经验，就如何在组织中应用这些管理工具，用务实的语言进行了详细阐述。领导力与招聘、薪酬、绩效评估和留住人才的关系是什么？应该怎么提问，来帮助人们打开思路去探讨可行性、探讨学习和成长？什么术语有助于缓和困难的局面？黛布给出了操作答案。

黛布解读了我观察多年看到的一些现象和问题。平庸的管理者将精力放在组织团队完成任务上，优秀的管理者则注重建立高质量的人际关系，激发团队成员的能量。在安全和信任、幽默和善良、同情和相互支持的挑战环境中激发出来的力量是不可阻挡的。平凡之所以平庸，是因为我们无意间做了错事，但你能从何处去获取培养具有变革精神的个人和组织的力量呢？

　　这是一本专业人士写给内行人看的书，它也是一本可付诸实践的实用手册，能够提升组织士气和人员绩效。与此同时，对于想按照书本实践的人来说，它还是一本秘籍，不仅能帮助他们在混乱的现代职场中生存下去，还有助于他们在身心健康的情况下发展。

　　最重要的是，阅读本书时，你会感受到，一份关于"人力资源"的革命性宣言在日益变化的世界中不断回响。

杰里米·亨特（Jeremy Hunter）博士

克莱蒙特研究生大学，彼得·德鲁克管理学院

执行思维领导力研究所创始所长、实践教授

目　录

第三部分　"大脑在线"组织行动指南

游戏开始！让我们启程

在职业生涯的大部分时间里，我着重研究职场人士的心理健康和个人表现。我认为，健康并不仅仅指身体状况或财务状况。幸福的核心是培养强大、健康、坚韧的心态。我相信，取得职场成功的唯一途径是将心理健康置于任何其他事务之上。这是看待工作日的一种全新方式，即在着手处理当天的工作目标、与同事和团队人员互动之前，采取各种措施保持良好的心理健康状态。

认识你的脑力训练师

我曾与数百家大型机构合作，为数千名员工制定策略和计划。这段经历让我对"为什么大多数人会以固定思维模式或以大脑处于休眠状态的方式度过每一天"的这个问题有了全新的认知，并没有人教导我们如何去保护和调节大脑的能量，来让我们的工作更高效、更快乐。而且，这不仅仅是我的观点——真正的科学研究表明，人们可以训练自己的大脑，让自己工作时变得更专注、充满活力且保持愉快的心情。如果你能做到这一点，你会发现自己的人际关系会更强大，且有精力去增长技能、达到目标。这才是工作和生活中真正的幸福所在。

我一直对大脑着迷，对它的工作原理充满敬畏。我是一名神经科学和心理学的深度爱好者和终身学习者。经过这些年，我认识到的最有力量的事情是，心理健康训练可以增强大脑"肌肉"，我们大脑中这些神秘而复杂的灰质可以得以改善和升级。

当然，大脑肌肉并不像你的肢体肌肉，我只是喜欢用这种方式想象我们的大脑变得更聪明、更易于恢复活力。当你学会保持头脑清醒时，处理日常工作任务更健康、更有成效时，你的大脑肌肉会变得"更强壮"。这个肌肉的类比，是我将神经科学、心理学和预防保健学科翻译成日常的表达，用来表示培养高效能大脑。

我喜欢将自己视为心理健康训练的"摘要女王"。为什么呢？因为我已经花了数十年时间研究我们的大脑在工作场合各个层面的表现——包括身体、情感和精神层面。通过正规学习、个人大量阅读和实践体验，我对大脑的工作方式进行了探索。如何从工作中获得更多的乐趣和意义，如何减轻压力，如何获得更多能量，如何激发人们的热情，如何建立更深厚的人际关系，我一直在寻找这些问题的答案。

当我意识到，我们的大脑是为满足穴居时代的需求，而非为适应我们所生活的这个快节奏、复杂、充满挑战的 21 世纪而生时，我顿悟了。我们的大脑天生就有一系列原始触发器和反应，它们会让我们完全偏离轨道，关闭更聪明的大脑。我们会把很多日常事件和互动视为威胁，让我们分心、不知所措，陷入拖延、逃避、恐惧和其他不健康的想法和行为中。这些都是"大脑离线"模式下的负面结果。

请用好我为你做的这份功课！分享我所了解的大脑知识，分享为了让自己和客户保持大脑活力而开发的日常练习和技巧，我认为这是我的使命！我衷心希望本书能帮助你锻炼出一个更强大、更健康、更灵活的头脑，让你从工作和生活中获得更大的幸福。

对我们所有人来说，有一件事是事实，即我们的大脑只能在有限的时间里集中注意力，然后就需要休息。为了集中注意力，我采用了番茄工作法，即用 25 分钟集中精力完成一项任务，然后休息 5 分钟。这种提高效率的方法对我来说非常有效。我建议你从阅读一本书开始——读 25 分钟，然后花几分钟回味。这个技巧也存在于许多章节中。或者，让大脑放松 5 分钟，没有任何刺激。既不看社交媒体，也不看周末的天气预报。单纯看看窗外的树，或者看看办公室里自然风景的照片。

同样，我建议你分几次阅读本书。神经科学研究显示，当你的大脑有时间通过休息和恢复期（如打个盹、美美睡一觉，或者度个假）来处理信息时，记忆力明显会更好。这时，你的大脑会把你学到的短期信息转化为长期记忆。谁会愿意自己花时间和精力去阅读学习的内容，在第二天就全都忘记了呢？

我会如前所述，分享自己生活中的故事，进而阐述自己在心理健康方面的见解和技巧。我非常乐意敞开心扉，让你了解我的亲身经历和我本人的心理健康之旅。我希望自己的故事能激励和指导你，让你的大脑与自我发展形成一种新的关系——一种建立在更深理解和共情之上的关系，能帮助你在工作和生活中成为最好的自己。

你与大脑的关系永远不可能完美无缺。但通过本书，你能获得许多让头脑保持健康状态的有效心理健康技巧、实践和习惯，它们能为你服务，而不会起反作用。最终，这些技巧能帮助你赢在日常。

　　大脑自检：刚才你用了 5～10 分钟阅读前面的段落，在这个过程中，你的思绪有多少次突然转向其他事情？要回复的电子邮件，要回的电话，要处理的紧急事务，或者要还的账单？这不是评判，只是现代生活要面对的事实。我们都要在工作和个人事务间处理数以百万计的具体细节，但大脑根本无法跟上，因为没有足够的内存和带宽来处理这些不间断的信息输入。于是，会出现什么情况呢？一天结束，我们大多数人都会感到情绪枯竭，对工作表现不满意，而且压力很大，筋疲力尽。

　　通读本书，寻找类似的脑力诊断活动。它们是检查你在某一特定时刻运行大脑的好机会！把这些大脑诊断视为"重复练习"且保持日常工作状态领先的良好机会。

亮明观点

　　本书分为三个部分，旨在"亮明观点"，阐述作为个人和组织如何在工作中保持心理韧性。第一部分和第二部分旨在帮助职场人士,第三部分则将这些经验扩展到处于领导职位或人力资源管理职位的群体。你会发现,本书在激励人们参与工作方面,能超越所有绩效目标、团队激励或奖金计划。

第一部分,将讨论你能改变与大脑关系的原因,涉及与大脑工作方式相关的前沿神经科学和心理学思考,同时讨论大脑开关状态的自我意识会使工作日常更高效、更快乐的原因。

第二部分,让大脑保持在线的个人日常行动手册,阐述了有助于人们保持专注且锚定目标前进的一些行之有效的方法。你可以学习建立自己的心理健康程序,训练自己的大脑有效施行这些方法、技巧,形成习惯,从而克服工作中遇到的障碍。

第三部分,是专为领导者、人力资源团队和整个组织设计的让大脑保持在线的组织手册,用来帮助员工保持大脑清醒,创造欣欣向荣的工作环境。如果你目前不是管理者,也不在人力资源部门工作,或者也不负责面向全员的项目和沟通内容,你可能不需要阅读这部分。但是,如果你渴望成为这样的领导者,那么我建议你保留此书,等有朝一日你真正成为领导者时,可以随时翻阅。

我的目标是帮助你,让你在结束一天的工作时,能感到比前一天更快乐,且更有意识、更乐观、更有动力、更坚韧地准备面对第二天。我们永远无法完全消除挑战和障碍，这些是生活常态。但是，你可以建立一种内在的反应机制，以更健康的方式来处理和表达你在工作上的情绪。保持大脑在线能防止你对工作总是感到焦头烂额。不要把宝贵的精力浪费在毫无意义的工作上，用在达到目标上吧。

让你的大脑处于最佳状态，你准备好了吗？让这些细胞动起来，开始对话吧！

认识奥尼克斯

养成健康的习惯是一项挑战，尤其是当你总也看不到努力的成果时。如果骨折，你能感觉到它正在愈合，并且随着康复锻炼，你的肌肉张力会越来越强。心理健康锻炼则不然，有时你很难感觉到自己在变得更强大，以及心理状况变得更健康。

在养成类似"大脑在线"的新健康习惯时，我都喜欢把事物拟人化，因此我创造了奥尼克斯（Onyx，以下简称"小奥"）这个角色，用以表示人的大脑，以及我们引入新想法时它的反应。

　　我们往往不自觉地会审视自己和自己的行为，所以我希望小奥能激励你用更能理解、更加宽容的方式来审视你的大脑和你自身。

第一部分

为何你的大脑需要
你心理健康

你是否时常因工作任务繁多而紧张焦虑？是否因处理不完邮箱里源源不断的邮件而感到沮丧？是否因为忙于应对一件接一件的突发事件，而无暇开展那些更重要、更富成就感的项目？对我们大多数人来说，解决办法只能是以牺牲自己、牺牲团队和牺牲组织为代价，拼命完成所有任务。但这种工作方式带给我们的是，每天下午 5 点就感到筋疲力尽，第二天也缺乏重新开始的动力，最终导致身心崩溃。

出现这种情况的原因在于：我们的大脑很容易被日常出现的各种干扰和障碍所"绊倒"，进而处于"关闭"状态。不管你有多"聪明"，大脑都不是按照每天处理涌入的成千上万条信息来设计的。当大脑感到不堪重负时，健康的"思考"模式就会中断，而默认切换到更原始的"情绪"模式。这时，我们就会产生不良行为，做出不明智的决定，可能对我们自身、对团队成员甚至对组织中的其他人产生持久而有破坏性的后果。

我敢打赌，有些事情你从未想过——比如如何帮助自己的大脑调节情绪，避免陷入消极或低效的思维模式。有人把这种训练称为重塑大脑。我更愿意将其视为大脑升级，升级为更好地帮助你达到工作目标、满足各种生活需求的新版本。我希望帮助你不再仅凭大脑的原始情绪部分做出反应，而是保持"大脑在线"状态，确保你拥有最投入、最高效、最充实的每一天。理解这个概念，我花了很长时间。在以往很长一段时间里，我不明白自己为什么在工作或生活中会有某些特定反应，也不明白为什么这些反应会让自己感到焦虑、沮丧或情绪低落。我并没有意识到，如果改变大脑的反应方式，我的上班时间——甚至我的人生——都会变得更好。

由此，我意识到，自己需要通过心理健康练习和训练来锻炼自己的心理"肌肉"，增强心理力量。接下来，我将分享自己是如何实现心理健康的，相信你也可以做到。

第1章

1.0 版本的大脑

"为什么我总是偏离正轨?"

我们的大脑是人类所拥有的最强大却又最古老的"技术"。大脑没有附带"使用手册",也很少有人在学校里接受过心理健康方面的教育。在生物和体育课上,我们学习了很多关于身体和解剖学的知识,但对于大脑功能,以及如何从情感层面让它保持最佳状态,却知之甚少。

最关键的是:自人类诞生以来,我们的大脑就没有"升级"过。从未发布过大脑2.0版、28.0版或999.0版。如今,我们大脑的主要运作方式,仍与数千年前生活在地球上的人类祖先的大脑如出一辙。和穴居祖先一样,人类大脑的设计初衷是保障安全,而非让人感到快乐。没错,每天早上大脑苏醒后，默认自己的任务就是作为你的保护者，像保镖一样抵御大大小小的威胁。它不是按照你的好朋友的角色而设计的，不会平和且温情脉脉地对待你，也不会为你提供如何处理人际关系、如何完成日常工作的良好建议。一旦理解了大脑主要承担保护者的角色，你就会很容易明白为什么我们整天都无法保持更快乐、更平静、更专注的状态，更不会去想为什么你会对某个人大发雷霆、害怕犯错，或者会在公开演讲时感到焦虑。这是因为，你的大脑在按照原始状态或"关闭"模式运行。它只是在做初始设定的工作，即保护你，让你时刻警惕，出现危险和威胁时给予警告提示。很遗憾，我们的大脑没有提示我们应活在当下、快乐生活，相反，它总是在扫视周围、寻找潜在问题（要是我们的大脑能遵循"没麻烦就别自找麻烦"这句话就好了）。

人类大脑的主要构成系统，将每个信息输入或刺激分成两类：威胁或奖励。这意味着，我们的大脑会默认把所有事物视为，①要么是可能造成伤害甚至致命的东西，②要么是对我们无害且安全的东西。我们都按照这个基础分类系统行事，它支配着我们绝大多数的行为。神经科学家埃维安·戈登（Evian Gordon）将这种模式称为"最小化危险，最大化奖励"反应。[1]当你遇到某种意外情况，比如眼角瞥见一个影子，或者不熟悉的新同事搬到你隔壁的办公室，你的大脑边缘系统（这是我们与绝大多数动物所共有的、更原始且更情绪化的部分）就会被激活。虽然这听起来像是大脑处理接收"数据"的有效方式，但在如今复杂而微妙的世界里，这套边缘系统对我们并没有太大帮助。

在每天大部分时间里，我们的大脑就像一台预测机器，认真履行着为人们预判风险、保障安全的职责。它与生俱来就只会处理一件事：对所有新来的、陌生的、不确定的或可能造成威胁的情况保持警觉。它往往通过模式识别、回顾往昔和历史经验来达到这一目的。比如，手机不小心掉在地上，你可能会立刻出现惊恐反应，因为你觉得手机可能摔坏了。这种反应是自动出现且下意识的，因为你每天都会做出数百个类似这样的预测——面对恐惧的反应。人的大脑会对刺激做出极速反应，并即刻做出假设，而这些假设往往是错误且负面的。

举个例子，大约五年前，我像往常一样在家附近的森林保护区散步，这时看到前方小路上有一只郊狼。我瞬间僵住了，然后立刻返身往家跑。我的大脑发挥了作用——让我远离了危险。然而，直到现在，每当我看到远处有大型动物时，还是会本能地僵住，胸口也会瞬间掠过一丝恐惧。但随后我意识到，大多数情况下，那其实只是一只大狗，只是我此前没有看到它在树后的主人而已。根本没有郊狼，但我大脑的第一反应始终是"前方有危险"。我们的大脑和身体每天都会进行这样成百上千次的预测（且大多并不准确）。这些真实的或想象中的威胁时刻，会让我们的身体释放出皮质醇——这是人类身体内置警报系统的一部分。然而，体内皮质醇过多，会让人焦虑、抑郁、精力下降、无法集中注意力。不管对工作还是生活，这都不是好事。

大脑自检：在过去几天里，你的大脑有没有做出过后来被证明是无关紧要的"威胁"预测？比如，你以为钥匙丢了，陷入恐慌，结果却发现它就在外套口袋里或者落在包包底层了？或者，你以为邮件发出去了，结果发现它却还躺在草稿箱里，你开始担心是不是回复得太晚了？又或者，下班时你接到老板的电话，担心自己是不是没有按时完成任务，结果发现老板只是询问一个简单的问题？回想一下，面对这些场景时，你身体或情绪上的本能反应是什么样的，是否感到过紧张或心跳加速？只要能够意识到我们大脑的这些自然威胁预测，并放慢反应速度，就能让我们在一天中保持更冷静、更健康的状态。

正如丹尼尔·列维汀（Daniel Levitin）在其著作《有序：关于心智效率的认知科学》（*The Organized Mind*）中所解释的，人类大脑尽管在很多方面都非常精密复杂且神奇，但它并没有进化到能够同时处理多条信息。[2] 我们的穴居祖先每天只需应对灌木丛中几次可疑的沙沙声，或者偶尔来自剑齿虎、灰熊的吼声。但在如今这个快节奏的信息时代，我们的大脑不堪重负，每天要处理数百万条信息，做出无数决策。说起百万条信息——列维汀指出，我们的大脑每秒钟会无意识地接收1100多万条信息，而有意识接收的只有40比特。这样，也难怪我们常常下午2点就疲惫不堪，需要靠咖啡或几片饼干来提神了。

正如列维汀所强调的，我们有意识察觉到的信息，仅占周围世界信息总量的0.000001%。这样带来的后果是，成百上千个内在的、无意识的情绪反应、假设、偏见、态度和判断，都影响着你的情绪和一整天的状态。它们还会影响你的选择、你对可能性的判断以及你对事物的反应，最终影响你日常所能感受到的幸福感和其他积极成果。光是了解到这一事实，就能让我意识到能量管理是多么重要，我们的"脑力"是多么宝贵的资源（第 3 章会详细介绍）。

面对扑面而来的海量信息，我们的大脑很难集中注意力，保持专注状态。干扰无处不在，让我们分心的时间远远多于专注时刻。人们能够真正专注多长时间来完成一项任务，科学界对此存在很大争议，但大多数研究似乎都认为，90 分钟后，人的工作效率就会开始下降。这种基础静息—活动周期（Basic Rest-Activity Cycle，BRAC）的基础理论是由芝加哥大学睡眠研究员纳撒尼尔·克莱特曼博士（Dr. Nathaniel Kleitman）在 20 世纪 30 年代提出的。[3] 此后的其他研究也支持这一观点，即人们工作 90 分钟后，休息 20 分钟，行为表现最佳。这种频率可以让大脑得到休息，有助于维持其运行机能。

日常很多时候，现代职场上的各种需求常常会触发我们原始的预测反应。看到某个电话来电，你会不会皱眉，担心是客户、顾客或病人打过来反馈问题的？收到第 12 次退回的文件，你会不会认为文件不够完善、需要修改的内容肯定还很多，因而深感沮丧？收到同事的短信，要求延长项目完工时间，你做何感想？日常生活中这些大大小小带着"威胁"意味的时刻，会让我们理智的大脑处于"关闭"状态，然后基于前期经验和历史模式做出情绪化反应。我们的目标是，更理性地管理自己的思维和反应，日常保持良好的心理状态。而管理自我和保持良好状态的关键，就是进行心理健康训练，关于这部分内容详见本书第二部分。

举一个大脑"关闭"状态的例子

手机响了，是女儿学校打来的电话。我的第一反应从来不是开心、喜悦或平和。接起电话前的一瞬间，我就认定（也可以说是我的大脑预测）孩子是不是受伤了、生病了，或者惹上麻烦了，我的身体立刻进入战备状态，时刻准备跳起来做出反应。如果留意一下，我就能感觉到自己心跳加速、屏住呼吸、肩膀和肌肉紧绷，牙关紧咬，准备迎接"坏消息的冲击"。结果，通话 10 秒后，我才发现，根本没什么大事。

只是我忘了提交一份表格，或者孩子忘带午餐或作业了。好吧，该松口气了。经历了类似的预测事件后，我们绝大多数人都不会有意识地冷静下来，放松身心并复盘刚发生的事。这也是我们感到脖子僵硬、后背疼痛，甚至过早患上心脏病的原因。我们所处的环境和接收到的刺激如此复杂而快速，大脑总是处于高度警觉状态。这类预测以及随之而来的对身心的冲击，每天都会发生成百上千次。我总是从一次危机感知跳向另一次危机感知。刚挂掉学校电话，查看电子邮件时发现老板给我发了消息，让我有空回电。我老板是个好人，照理说我应该保持冷静。但根本做不到，我的大脑又开始预测是不是出了什么问题，我再次陷入恐慌，身体也再次紧绷起来。而实际情况是，她只是对一份报告有个疑问。一个接一个的错误预测，或者基于恐惧的反应，接二连三，持续了整整一天，徒增了许多压力和疲惫。真是糟透了！

幸运的是，我们的大脑和身体之间存在一个自然反馈回路。我们可以利用这些错误的猜测来更新大脑的预测模式，以便改变未来的应对方式。但我们的大脑是"古老的技术"，这种更新不会快速出现，而且如果没有开展专门的心理健康训练，缺乏相应工具，更新根本无法实现。即便现在我的女儿们都上大学了，只要学校打电话来，我还是会心里一紧，往最糟糕的方面想。

　　如果最后发现只是关于学费账单或筹款请求的普通电话，我还是得让自己放松下来，平复心跳，深呼吸，努力回忆自己刚才在做什么工作，或者重要工作对话进行到哪一步了。真的！在保持"大脑在线"这件事上，我们都还需要修炼进步，我也不例外。对我来说，"不求完美，但求进步"这句话一直是有益的劝诫。

　　作为生活在 21 世纪的人类，我们渴望并理应从生活中获得更多。我们不想被每一条琐碎的信息或预期之外的交流所左右。我们希望保持快乐、冷静、高效状态，且不会一整天被大大小小的潜在威胁所干扰。在本书中，你将学习如何利用大脑的固有程序，对其进行重塑和重新编程。就像升级手机或电脑系统一样，想象一下升级你的大脑。当你升级大脑并通过训练使其更强大、更健康时，我保证，它会让你在工作中更坚韧、更快乐、更生气勃勃。

好消息是，大脑是可以改变的。科学证明，我们能够重塑自己的大脑，这一概念被称为神经可塑性。我最初是从杰弗里·施瓦茨博士（Dr. Jeffrey Schwartz）的《脑锁》（*Brain Lock*）一书中了解到神经可塑性这一概念的。[4] 该书的核心概念被称为自我导向的神经可塑性，在许多关于个人发展、自立自助、效率和绩效类的书籍中都有提及。施瓦茨博士让我相信，我可以通过重新编程和重塑大脑来克服强迫性习惯和非理性思维。还有一些书籍对我改善心理健康起到了关键作用，包括丹尼尔·亚蒙博士（Dr. Daniel Amen）的《幸福人生，从善待大脑开始》（*Change Your Brain, Change Your Life*）[5] 和里克·汉森（Rick Hanson）的《大脑幸福密码》（*Hardwiring Happiness*）。[6]

在这里，请给自己一些慈悲和包容。没有人告诉过我们大脑是如何运作的，尤其是工作场景中的运作方式，我们也不知道它是如何给你带来困扰、让你常常偏离正轨的。回想一下学校里的生理卫生课或体育课，你是怎样学习身体肌肉的知识，了解肌肉功能，以及如何让身体变得更强壮的。现在，我们要用同样的方式来了解大脑，以简单且通俗易懂的方式去了解大脑的结构、组成及其功能！

为了便于进行心理健康训练，据我所知，解释大脑结构的最简单方法，是使用丹尼尔·西格尔博士（Dr. Daniel Siegel）的大脑手部模型。[7] 丹尼尔博士是世界著名的神经精神病学家，他常常用这个模型向家长和孩子解释大脑的构造。它也是一个良好的工具，可以帮助我们理解当情绪大脑接管思考大脑时，我们产生愤怒或沮丧情绪的原因。

你可以这样想象大脑的各个部分：

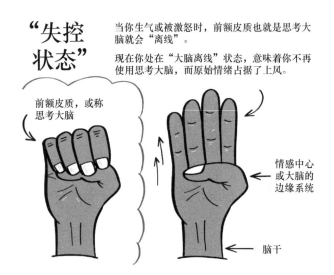

"失控状态"

当你生气或被激怒时，前额皮质也就是思考大脑就会"离线"。

现在你处在"大脑离线"状态，意味着你不再使用思考大脑，而原始情绪占据了上风。

前额皮质，或称思考大脑

情感中心或大脑的边缘系统

脑干

- 举起一只手，掌心朝向自己。

- 手腕代表脑干。

- 大拇指代表情感中心或边缘系统，它很容易向内弯曲。

- 四指包裹住大拇指，这部分代表前额皮质，也就是思
考大脑。当你生气、愤怒或受到刺激时，前额皮质就
会"离线"，此时你就"情绪失控"了，大脑进入
"关闭"状态，这意味着你不再使用思考大脑，而是被
原始情绪所左右。

在制定心理健康训练策略之前，我们需要详细了解一下大
脑的不同分区及其功能。想想你在进入健身中心或开始新的锻
炼计划前，会不会先去参观一圈，了解怎样运用特定器械来锻
炼特定肌肉。我们将用同样的方式来开启你的大脑训练之旅，
学习如何通过不同的心理健康训练来强化这些"大脑肌肉"。
跟我来吧——这可比日常的科学课轻松有趣得多！

你需要了解大脑的两个主要区域——情感大脑和思考大
脑。关键是要记住——这两个部分不能同时"在线"。猜猜哪
个部分大多数时间处于活跃状态？提示一下：活跃的是那个不
停扫描周围环境寻找威胁的部分。因此，人类大脑的默认模式
是启用情感大脑，遵循战斗或逃跑的本能。这就是让我们陷入

困境的原因，因为大脑的默认模式就是大脑"离线"模式。

　　"大脑在线"模式指的是我们的思考大脑，即前额皮质。它能让我们全天都保持理性、明智和清醒的运作状态，是我们做出最佳决策和解决问题的根源。前额皮质极其重要，因为它掌管着人们的理解、规划等关键技能。神经领导力专家戴维·罗克博士（Dr. David Rock）在《效率脑科学》（*Your Brain at Work*）[8] 一书中解释说，前额皮质是你与世界进行有意识互动的生理基础。在人类大脑中，它负责主动思考问题，而非无意识地凭借本能反应。他明确指出，这个区域对我们的幸福和成功至关重要，因为它控制着我们的：

- 理解力（并乐于接受新想法）

- 决策能力（在两个事物间进行比较和选择）

- 回忆（从记忆中提取信息）

- 记忆（接收信息并记在心里）

- 抑制力（将与工作无关的其他想法排除在工作记忆之外）

　　我们的前额皮质总是在与大脑的情感中心，尤其是杏仁核做斗争。杏仁核会引发我们的情绪反应。在当今这个复杂的世界里，我们的杏仁核总是处于高度警觉状态，不断做出战斗、逃跑或僵住的反应。日复一日，我们的精力被消耗殆尽，最后变得焦躁和不开心。

　　大脑自检：请快速回答，用一个词形容你现在的感受——开心、难过、生气还是疲惫？你能准确描述自己的情绪吗？我们大多数人都会不假思索地快速回答，而不会花时间去评估自己的真实感受。有研究表明，能描述出自己在某一时刻具体情绪的人不到1/3。心理学曾假设，人类的大多数情绪可归为幸福、悲伤、愤怒、惊讶、恐惧和厌恶这几个类型。但加利福尼亚大学伯克利分校至善科学中心[9]的一项研究表明，人类至少有 27 种不同的情绪类别。在这些类别内，还有数十种不同的、可识别的情绪。为什么识别情绪如此重要呢？正如作家兼研究员布琳·布朗（Brené Brown）在《心灵地图》（*Atlas of the Heart*）一书中所说："当我们说出自己正在经历的情绪时，并不是在为这种情绪赋予力量，而是在为我们自身赋予更多力量。"[10]对情绪的识别能力越强，我们就能越好地调节它们。

　　不过，人类的杏仁核和这些丰富的情绪反应并不一定会像脱轨的列车那样失控。情绪并非与生俱来，而是在全天的环境中不断形成的。现在有个好消息：我们可以用自己的大脑来管理和创造在工作中想要体验的情绪。这也许是你在本书中所能读到的最鼓舞人心的一句话。拥有情绪调节能力是心理健康的核心。在接下来的章节中，你将学习一些可帮助自己保持高度活跃状态的策略和技巧——它们能让你乐于学习、追求成长，并对未来的工作充满信心。

　　大脑自检：现在，阅读第 2 章，请检查一下自己的状态，确保"大脑在线"，已经做好了学习更多内容的准备。还是说，你需要稍作休息，让眼睛和大脑从这些信息中抽离出来，放松一下？再花点儿时间感受一下自己的能量状态，是感到疲惫还是精力充沛，是饥饿还是口渴？如果是这样的话，那就休息一下。或者，哪怕花一分钟，思考一下所学内容，以及如何将其应用到日常生活中。这些动作可以帮助你的大脑快速重置和恢复，为学习更多知识做好准备。

第 2 章

日常的重重障碍

"天哪，为什么我什么都做不成？"

大多数情况下，你是否一醒来就感到焦虑，不敢看当天的日程安排？是否还没喝上早咖啡，光是查看前一晚的短信和邮件就让你感到胃疼？你可怜的大脑每天从你一睁眼开始就得忙着应对各种任务、对话、会议和邮件。随后，全天还会被各种意外需求打乱节奏，比如给客户的演示文稿在截止前的最后一刻面临修改，重要客户突然出了问题，或者收到需要立即处理的短信。这让我们感觉自己像电视节目《幸存者》（Survivor）里的参赛者，在努力与各种状况抗争。大多数人在工作中不会面临诸如通过捕猎来获得午餐，或避开野生动物这样的身体考验，但在如今的职场中，我们面临的生存挑战在情感上同样艰巨且折磨人。

由于角色、职责和技能的不同，我们每个人在日常工作中面对的重重困难也各不相同。我们每天通过任务、会议、对话等多种形式来履行多项职责。但问题在于：我们会被各种情感方面的、心理方面的困难问题及干扰因素分散注意力，这些所耗费的时间比实际工作本身还要多。想想看，光是处理这些挑战和干扰事项，可能就会占据你一天里50%以上的时间。想象一下，如果我们能以更省时省事的方式去处理这些困难问题，我们的工作效率会提高多少，且有更多时间去追求那些我们想要达成的长期目标。当你的大脑处于"离线"模式时，你就像在自动驾驶，只是按照日程表或收件箱里的指示遵循惯性机械行事。这种模式让人面对工作时动力不足，且缺乏主动性。

尽管我们努力精心规划每天的工作流程，但还是很容易被两种类型的障碍打乱计划。

内部障碍：指影响你对周围环境认知的想法、念头和感受。它们会影响你的选择，进而影响你的行动，最终影响你每天取得的成果。大脑的边缘系统（即生存和保护系统）会产生这些内部障碍，实际上，这些情感因素决定了我们应对日常障碍的能力。

外部障碍：指你和他人及周围环境的互动，包括同事、客户和供应商。这些互动质量的高低，对你的日常感受和精神状态有较大影响。同样，你遇到的环境问题，比如照明不佳、办公室嘈杂、人体工程学设计不合理带来不适、桌面杂乱，甚至是缺少完成工作所需的工具或资源，这些都会对你造成影响。任何一个外部障碍都可能让你的大脑"离线"，影响你每天发挥出最佳工作状态。

下面是大脑在日常工作中遇到的障碍示例。

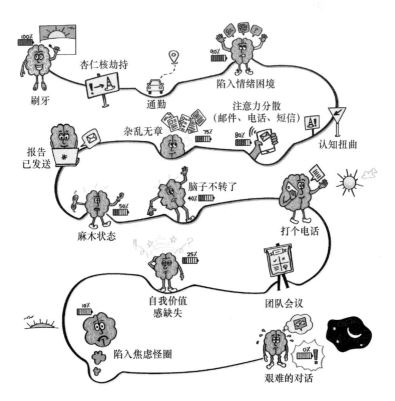

我们常常因为内心的想法、情绪和自我暗示而给自己制造了大部分障碍和问题。马克·吐温（Mark Twain）的一句话让我对这个重要概念有了重新认识，他说："我一生中曾有过很多担忧，但其中大部分从未发生。"我将快速梳理工作中常见的内部和外部障碍，供你了解。现在，请深呼吸——这些障碍和问题并非你在某天或某一周内都会经历，但随着时间推移，很多问题可能会在你毫无察觉的情况下悄然出现。

内部障碍

深陷负面情绪

世界著名冥想教师兼作家莎朗·莎兹伯格（Sharon Salzberg）在《一平方米的静心》（*Real Happiness at Work*）一书中，描述了工作中可能困扰我们的五类负面情绪：欲望、厌恶、困倦、不安和怀疑。[11] 欲望本身并不是问题——问题在于我们过度执着于结果。厌恶是基于恐惧、不耐烦和愤怒产生的强烈反应。困倦实际上是我们不堪重负时状态离线或脱节的表现。不安表现为焦虑或担忧，而怀疑会让我们陷入困境，无法抉择。负面情绪过多，或者持续时间长达数周或数个月，会让我们无法在工作中找到快乐和意义。

惯性行为

研究表明，我们每天高达 90% 的行为都是遵循惯性在进行。就像飞行员打开自动驾驶开关，让飞机自行飞行，又或者像坐在自动驾驶汽车里一样。当我们的思考大脑"离线"，情绪大脑掌控局面时，就会出现这种情况。一个典型例子是，你开车去上班或去商店，到了停车场却突然疑惑："我是怎么安全开到这儿的？"你对这段驾驶过程几乎毫无记忆。大脑的设计初衷是保存能量，所以放弃有意识思考走了捷径。它不想每次做一件事时都思考如何完成，尤其是那些已经成为习惯或重复模式的任务。我们就这样度过一整天，对自己的每个反应和决定都毫无察觉。

思绪游离

做白日梦和思绪游离是有区别的。白日梦是一种意识流，能够带来创造力和解决问题的灵感。思绪游离则是指你的大脑偏离当前正在做的事情，反而花太多时间去扫描潜在威胁或新事物，从而分散你对需要专注任务的注意力，影响工作效率。当思绪游离时，人们往往会陷入担忧、自我怀疑、烦躁或恐惧等负面情绪中。一天之中，大脑确实需要休息，但关键在于，要注意它何时偏离正轨，陷入不健康和消极的状态。科学研究表明，大脑在近50%的时间里都会走神。

反思复盘

你是否曾晚上躺在床上，反复回想当天工作中发生的某件事，比如和老板的分歧、某位团队成员的冷嘲热讽，或者客户失望的表情？当我们有压力时，往往会在脑海中回放这些事件，思绪就像在停不下来的过山车上上下翻飞。这不仅毫无价值，还会消耗我们的快乐。迈阿密大学心理学教授、《刻意专注》（*Peak Mind*）[12]一书的作者阿米什·杰哈博士（Dr. Amishi Jha）将这种情况称为"厄运循环"，即我们在脑海中不断重复同样的内容。你有没有出现过这样的情况？在会议上做了发言，之后几个小时，你还在脑海中反复回放那段话，不停自责"我怎么会这么说呢"或者"我当时为什么不吭声呢"。这就是反思复盘。大脑无法区分真实发生的事件和在脑海中回放的事件。每次你回想过去的某个情景，你的大脑（和身体）就会做出这件事当下正在发生的反应。反思复盘会让你一遍一遍地陷入自我折磨中。

缺失自我价值感

我们生活的环境充斥着持续的攀比，社交媒体上的完美形象、媒体对亿万富翁和独角兽初创企业的持续关注，都在加剧这种氛围。能鼓起足够的正能量去面对每一天，对我们来说都实属不易。《全然的慈悲》（*Radical Compassion*）一书的作者塔拉·布莱克（Tara Brach）将这种不安全感称为"自我价值感缺失"。我们都有过这样的阶段，觉得自己不够优秀、不够聪明、不配、不够自信、不够漂亮、不够高挑，类似的想法在脑海中无穷无尽。这种思维方式会阻碍我们抓住机会，妨碍我们追寻梦想，让我们缺乏激情、丧失兴趣，甚至不敢为改变而发声，无法让事情变得更好。

这些想法有时是我个人成长和追求健康、幸福道路上的巨大障碍。它们让我不敢申请新的机会、提出新的想法，也让我在有领导或专家在场的会议上，对自己的技能缺乏信心，不敢发言。后来我渐渐明白，这种情况很正常，大脑只是在试图保护我，让我远离那些它所认为的威胁。现在，我已经明白，我的恐惧并不是事实，这些想法并不能代表我的能力。但这种自我价值感缺失的状态确实会严重打击你的自信心，阻止你去冒险、去学习新的事物或者追求快乐。

不确定性麻痹

这是对我们大脑最大的触发因素之一。如你所知，大脑是一台预测性机器，它寻求快速答案，讨厌不确定性带来的压力。久而久之，持续不断的压力会影响你集中注意力，妨碍你保持高效。让我们面对现实吧，生活中我们笃定的事情非常有限，比如总有邮件要回、总有税要交。事实上，我们如今生活的世界可以用"VUCA"来形容——即易变（volatile）、不确定（uncertain）、复杂（complex）而模糊（ambiguous）。想想看，当你遇到一个无法解决的问题，或者找不到答案的时候，你会不停地思考，因为大脑需要找到答案、消除疑惑，预测哪些因素可能会威胁到你的生存。你的大脑每天都在面对成百上千的不确定性事件。

工作中的不确定性也是持续的挑战，它会让你停滞不前、患上拖延症，或者让你因为害怕未知的结果而在某个话题上坚持自己的立场。日常生活中，不确定性可能成为你决策时的障碍，因为你担心做出错误的决定，会带来不想承担的后果。甚至可能在你对工作前景和健康状况感到迷茫的时刻，它会让你陷入大脑"离线"模式。不确定性也许会让你因为担心近期或未来财务状况的不可预测，而不敢调整自己养老金计划中的投资，甚至不敢投资未来。

职场偏见

人都会有偏见性的想法，这是不可避免的。在人生旅程中，我们不可能做到每时每刻都完美无缺，做出包含一切的决策。这就是人性。

无意识偏见：每个人都会遇到这种情况。它指的是，你的背景、个人经历和文化背景会影响你的决策和行为。无意识偏见的发生，往往是我们自己没有意识到，却对人和事做出了仓促的判断和评估。虽然快速决策可以节省时间和精力，但有时本能反应会导致决策错误。

距离偏见：在职场中，这种问题常常表现为多种形式。当你在办公室，有个问题需要立即回答时，你的大脑会自动寻找离你近的人，而不是最了解这个问题的人，这就是距离偏见。职务晋升或推进项目时，就可能出现这种情况，经理往往会选择他"看到"的人，而非那些能力匹配但不太显眼的人。

便利偏见：当你火急火燎时，你会凭直觉做决定，而不是缓一缓收集情况或做更多研究，这就是便利偏见。

相似性偏见：当你认为和自己相似的人比其他人更优秀时，就会产生相似性偏见，这可能会导致群体思维，即群体中的每个人都持有相同的观点和信念。这样一来，解决方案就会因为基于你们共同的思维方式而变得"片面"，从而无法让团队或项目拥有多元化的思维。

大脑自检：让我们把理论付诸实践。拿出一张纸，列出 3~5 个工作遇到问题时你会联系寻求帮助的人。这些人不能是你的密友，也不能是家人。现在，在每个名字旁边写下以下信息：性别、年龄、种族、地理位置。

性别：_____

年龄：_____

种族：_____

地理位置：_____

现在看看你列出的名单，它和你的背景及生活的相似度有多高？我们大多数人列出的人可能都和自己很像。在无意间，你会发现，自己最重要的支持者、导师或同事密友可能都和你非常相似。因此，如果我们不去锻炼自己的心理"肌肉"，不有意地训练大脑，让大脑在自动去找隔壁办公室的人或者给和自己相似的人打电话求助之前先停顿一下，我们可能就会错过机会获得最好、最恰当、最多元的意见和支持。

缺乏好奇心

大脑是我们身体中消耗大量能量的器官（下一章会详细介绍）。为了保存能量，人类大脑会依靠模式匹配来评估人们所处的情境并做出决策。这会自动抑制我们的好奇心，进而阻碍创新性和创造性思维。缺乏好奇心会妨碍你去学习，阻碍你的职业发展，还会损害你与团队成员和客户的关系。如果我们不花时间保持对工作的好奇心，往往无法把事情做得更好（改进流程），也无法提升工作效率或让事情于己更有利。我们的恐惧型大脑会设置这个障碍，因为好奇和质疑需要思考，进而会消耗脑力（能量）。你整日忙忙碌碌，只能埋头完成任务清单，大脑就处于"离线"状态，只为了把一天熬过去。提出好问题、锻炼好奇心，能够帮助你更好地适应变化，创造新事物，改进当前局面，并以全新且有益的方式去理解事物和他人。

固定型思维而非成长型思维

思维模式远比你想象的更加重要。斯坦福大学心理学家兼研究员卡罗尔·德韦克（Carol Dweck）[13]发现，拥有固定型思维还是成长型思维在很大程度上决定了一个人的成功。简单来说，固定型思维的人不认为技能可以改变、适应或提升，而成长型思维的人则相信，技能可以随着时间不断提高。

工作中，如果你对某个话题、某种情景、某个人或某些问题持有固定型思维，它就会限制你的思考和选择。你可能会显得不太灵活或难以合作，因为你表现得有点儿墨守成规。你可能会过于保守，不愿意承担风险，这也许会阻碍团队推进项目或开展新的计划。或者，人们可能会认为你不是一个团队合作者，因为当你采用的是固定型思维模式，你不愿意冒险，也缺乏好奇心。重要的是，你需要意识到自己何时会表现出固定型思维的想法和行为，因为这些想法可能会成为你完成任务、学习新方法和建立良好工作关系的主要障碍。

你的思维模式是什么样的?

成长型思维

我会主动学习自己想了解的一切知识。
即便受挫，我也会坚持不懈。
我想挑战自我。失败是最好的老师。
告诉自己，"要努力尝试"。
你的成功激励着我。
努力和态度决定一切。

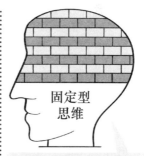

固定型思维

我也不确定自己是否擅长于此。
受挫了，便放弃。
我不喜欢接受挑战。
失败让我感到沮丧。
告诉自己，"我是个聪明人"。
你的成功我感觉受到了威胁。
能力决定一切。

认知扭曲

至少对我来说，这是个大问题。认知扭曲是一种没有事实依据的夸张思维模式。不幸的是，这些夸张的想法大多是负面的，而且极具说服力，让你对自己和日常生活的负面事件深信不疑。偶尔出现认知扭曲是人之常情，但如果过于频繁，就会损害你的心理健康。

常见的认知扭曲包括：

- 小题大做

- 妄下结论

- 总想证明自己是对的

- 以偏概全

- 贬抑自我

光看这个清单，你可能就能猜到这种思维方式会对项目和工作关系产生什么影响。它会导致压力过度、恐慌、消极沟通，还会让你无法认识到自己的优点，看不到自己取得的成就。对我来说，我需要注意自己的小题大做倾向。作为一名 A 型血的完美主义者，处理问题时我常常无法做到自己所希望的那样冷静和理智。这是我比较难克服的障碍之一。我已经意识到这个问题，并在努力改变自己的反应。有时候，我发现自己像"鸡丁"○一样，反应大得好像天要塌下来一样，但其实往

○ 动画电影《四眼天鸡》（*Chicken Little*）中的主角。——译者注

往只是个小问题，只要深呼吸，重新让大脑"在线"，问题就能轻松解决。

大脑自检：花一分钟时间，停下来观察自然，或者找到一些能让你微笑或大笑的事情。

外部障碍

我们还面临着许多外部障碍，这些障碍会让我们的大脑"离线"，让我们偏离想要完成的事情和想要展现的状态。下面列举了一些有害的外部障碍。

干扰因素

任何新的、新奇的事物或环境变化，都会吸引并激活我们的杏仁核和"警报系统"，促使我们去弄清楚它。这就是为什么我们如此沉迷于手机、新闻和社交媒体。大脑已经知晓，好消息有时会以电子邮件、短信或社交媒体的形式出现（所以它触发了我们的奖励系统，然后我们当然想要获得更多信息）。但遗憾的是，这些来自外部的、科技驱动的干扰因素，很多都在传递负面信息，或只是在浪费时间，对我们获得幸福、提高工作效率、创造良好的人际关系都没有好处。

艰难的对话

重新开展合同谈判，与同事在某个决策事项上意见不合，为平平无奇的项目提供反馈意见，这些都需要通过对话，来获得高质量工作成果，促进团队和业务合作。但我们对这些对话的情感认知和反应，让我们把它们归类为不愉快的、困难的事情，能避则避。除了自身的不愉快经历，我们还会害怕对方的反应，而这是超出我们控制范围的，会让大脑无法冷静思考。

这个外部障碍，会阻碍我们在职场中表达自己的想法，来改善现状或局面。它会让我们在无数个夜晚辗转反侧，思考如何与对方沟通，避免他们生气或感到被冒犯。或者，我们会为了避免冲突，干脆避开某些人或某些会议。但遗憾的是，如果不早点儿处理这些问题，它们往往会愈演愈烈，为你和周围的人制造一个非常不舒服和压力满满的工作环境。大脑默认的、基于恐惧的模式从来都不会带来好结果。忽略一次艰难的对话，而所有问题都自行解决，大家都开心，这种情况基本不可能发生。

大脑自检：我们已经讨论了很多大脑日常"离线"的情况。你今天经历了哪些内部和外部障碍呢？上个月呢？花两分钟时间，尽可能多举出一些例子。

内部障碍	外部障碍
_____	_____
_____	_____
_____	_____
_____	_____
_____	_____

留意大脑对障碍的反应

大脑的任务是通过情绪调节来应对这些内部和外部障碍。我们需要训练自己的大脑，让它在"威胁"或警报系统启动时保持警觉，并确保更理智的思考区域部分发挥作用，做出更健康的反应。记住一条简单技巧：先处理内部障碍，这有助于你成功应对外部障碍。

你要避免大脑全天都被杏仁核劫持。这里列举了几项大脑被劫持的表现：

- 感到疲惫、倦怠，或者精力不足

- 很容易心烦意乱、沮丧、生气或恼怒

- 心怀忧虑、焦虑、惊慌，无法集中注意力

- 对人态度急躁或突然发脾气

- 打断别人说话

- 会后悔自己的所作所为或所说的话

- （暗地里或公开地）指责、羞辱他人或对他人怀有愧疚

如果你的大脑被杏仁核劫持，你会感到内心混乱和僵化，情绪开始失控。由于这些不健康的反应，你的工作日可能会瞬

间就变得糟糕起来。

内心混乱的反应	内心僵化的反应
指责	拖延
担忧	抑郁
恐慌	悲伤
沮丧	冷漠
不耐烦	脱节
思绪纷飞	放弃
冲动	屈服
愤怒	忽视
暴怒	否认

在这里，我再次呼吁大家对自己和大脑多一些宽容。直到现在，你才开始正视自己日常面临的各种障碍问题，才意识到杏仁核是多么容易劫持大脑的理性思考。我们对不良情绪反应带来的精力消耗都有过切身体会，这就是为什么一天结束时，我们只想裹着毛毯、喝着冷饮瘫在沙发上，狂刷喜欢的节目来逃避一切。你的任务是管理好自己的情绪，让自己全天都保持精力充沛，并对新的一天充满热情。下一章，我们将详细阐述能量管理。

第3章
大脑能量管理

"我为什么如此疲惫?"

了解了上一章那么多信息,希望你此时已经让大脑稍作休息了。现在,花一分钟来回顾一下你在上一章列出的阻碍问题。梳理这些问题的目的,是想表明你每天都在让大脑跑马拉松——而且这条道路并不轻松平坦!这里有几十个"让人伤脑筋"的障碍物,有陡峭的山坡、泥泞的陷阱,还有崎岖不平的路面,要想不断前进,就要高度集中注意力。这就好比你每天都在参加"疯狂泥浆跑"极限挑战赛,日复一日做这些事必然消耗巨大的能量。

说到可用的能量水平,大脑本质上是一种有限的资源。你可以把它想象成一个需要充电的巨大电池组,满电情况下,才能在整个工作日保持最佳状态并持续运行。有些特殊时候，会比平常更消耗精力。你的任务是留意并监控你的脑力消耗速度，然后谨慎地不断将精力重新分配给那些能带来更高效率、更多成长和更多快乐的目标与任务。这种策略，就好比当你的手机电量不足一格时，你可能不会随意刷社交媒体动态或在线看剧来浪费剩余电量。大脑同样如此——管理自己的大脑能量既需要自我意识，也需要技巧。

尽管大脑的平均重量只有约 3 磅（1 磅 ≈ 0.45 千克），但它消耗了 20% 的身体能量。问题在于，这些能量大多浪费在了消极思维和基于恐惧的行为反应上。关于人一天会产生多少想法，科学界众说纷纭，但大多数科学家都认为有数千个。这些想法大多要么是消极的，要么是前一天想法的重复。停下来思考一下：大脑的大部分能量都花费在基于生存默认模式的反应上——这种默认模式，要么时刻准备战斗，要么逃跑，要么僵住。

所以，难怪我们很多人每天早上醒来，一想到又要面对日常的重重困难，就提不起精神、失去斗志。从来没有人告诉过我们，人几乎一整天的行为都是由无意识的、自动驾驶式的思维驱动的。我们没有意识到，自己的大脑在无意识地运作

（再读一遍这句话，好让你完全理解）。我们的潜意识，即大脑的"离线"模式，几乎控制着我们每天所做的一切。

这就是为什么要意识到消极的和不健康的反应会耗尽你的能量，这一点非常重要，因为它会扭曲你的思维，让你的一天充满担忧、焦虑、麻烦、争吵和倦怠。你没有意识到，大脑已经切换到了无意识模式，然后突然发现自己的反应就像穴居祖先一样。一旦你的"电池组"开始耗电，你对工作的热情就会降低，投入度也会减少。你没有继续进行下去的动力了。但在工作中，有意识、有策略地提升脑力，能让你保持大脑"在线"，让你变得更有效率，也更加投入。

> **大脑自检：** 根据你在本节所学到的内容，你会清醒地认识到，在过去五分钟里，你可能只记住了所读内容的 50%。你的注意力被分散，走神超过八次，而你可能根本没有意识到。你也许是环顾了房间，查看了几次手机，看有没有邮件或短信，还可能是伸展肢体，找点儿吃的喝的。不消说，这正是你的潜意识盖过了专注思考的大脑。

描述"大脑在线"最简单的方式，就是留意大脑的行为和反应。如果你没有大脑意识，就无法有效地管理好工作日。这就好比开着一辆挡风玻璃脏分分或起雾的车在高速公路上行驶，你根本看不清东西。

如果你精力充沛、"大脑在线"，你就能体验到更多积极情绪，比如：

- 乐观
- 感恩
- 平静
- 专注
- 平衡
- 活泼
- 安宁
- 满足
- 幸福
- 灵感

谁不想拥有更多这样的情绪呢？坚持并定期进行心理健康训练，你将获得巨大的回报。这是为数不多的能为工作和生活增添更多快乐、提高效率、达到目标的方法之一。

大脑自检：从上述列表中，选择你在工作中更希望体验到的两个词，并说明原因。这两个词将有助于激发你坚持并持续进行心理训练的动力。我们都需要动力和目标才能取得成功，而这两个词正是你心理健康成功故事的起点。

1. _____

2. _____

　　我希望你能一直对自己和自己的大脑多些包容，因为对于不了解的事情，我们无法改变。当日子变得糟糕、精力开始耗尽时，要保持意识清醒会变得极其困难。这种感觉大多是在潜意识里瞬间发生的。在如今的现代职场中，你能以高度复杂的方式运用大脑，就这一点而言，你就值得为自己已经取得的进步点赞了。想想看，一旦你学会强化大脑机能、保持精力充沛，让大脑保持"在线"状态的方法，你将会取得多大的进步！

　　我们每个人都是自身情感基因构成、所处环境和过往（通常是不愉快的）生活经历的产物。再加上大脑的预测天性，我们很容易就会大脑"离线"。例如，即使我们会为看到新机会、找到新客户，甚至新同事或新的管理人员加入团队而感到兴奋，但我们的大脑还是会回到自己第一天上学或进入新学校时的状态。他们会喜欢我吗？我会被接纳吗？午餐我该和谁一起吃，开会时又该坐在谁旁边呢？如果他们让我参加那个可怕的破冰活动，我该怎么办？不知不觉中，你就会变得焦虑不安、难以入睡，脑海中还会闪过无数种场景，这其实是因为大脑里的旧有模式和记忆卡片，尽管我们理智上知道这些情况并不会危及生命，但大脑机能却认为它们会。

人类大脑的新职责是确保每时每刻都保持意识清醒。它的目标是，一天之中定期审视自己，确保没有"大脑离线"，没有机械地完成任务，没有在自动驾驶模式下从一场会议跳到另一场会议，或从一项任务切换到另一项任务。当出现这种情况，你就无法清晰、客观、理性地看待各种情况或任务。在"大脑离线"模式下工作，你会感到效率低下、压力重重，工作缺乏乐趣。

"大脑在线"意味着你能有意识、有策略地应对一天中的各种事务，能运用心理健康技巧、方法和习惯，让自己对工作保持精力充沛、热情满满，并达到目标。这就是"大脑在线"的最终目标——激活高度的心理和情绪调节能力，让精力保持在巅峰状态，在工作中感受到真正的快乐和投入。

在任何时刻，我们善于思考的大脑要么处于离线状态，要么处于在线状态。大脑的构造基础决定了它的首要任务是保障我们的安全，而非让我们快乐，所以大多数时候，我们善于思考的大脑是关闭的，这会让我们感到不堪重负、疲惫不堪、恐惧、愤怒，陷入冲突模式，导致工作日表现不佳。记住，大脑的两种模式在同一时间只能有一种处于开启状态。如果你的大脑大部分时间都处于离线状态，依靠自动驾驶模式和潜意识程序运行，那么你的决策、人际交往和工作表现都不会尽如人意。

你是"大脑离线"还是"大脑在线"呢？

 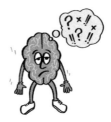

"大脑在线"
自主意识主导
结果出色

💡 追求学习，而并不执着于正确

🤚 心态开放、情感丰富

💬 好奇并乐于自我质疑

👤 倾听、欣赏并理解他人的情感和感受

✅ 信任他人

📈 成长与进步

"大脑离线"
潜意识主导
结果欠佳

⚠️ 处于受威胁状态

😣 充满怨恨，觉得自己理应得到

🎯 为自己辩护

🔒 对想法、情绪和感觉保持封闭

👉 指责他人

🛡️ 只求安全生存

你可以用这幅图在一天中随时审视自己，以便更好地了解自己的状态。审视大脑状态时，不妨问问自己：我现在是在用思考（有意识）大脑，还是在用情感（无意识）大脑？简单地说，我的大脑是处于离线状态，还是在线状态？

那么，怎样评估大脑"油箱"里还剩多少能量，来帮助自己保持专注和高效呢？我将大多数人在一天、一周、一个月或一年中可能遇到的大脑能量状态分为四种。

"大脑在线"能量矩阵

"大脑在线"

积极探索型　　活力迸发型

工作状态不佳　　　　　　　　　全身心投入工作

艰难求生型　　苦苦奋战型

"大脑离线"

理想的目标是让你的大脑全天尽可能多地处于"活力迸发型"模式，并且尽可能长时间地保持这种状态。其他能量状态则代表着在某些时刻、某些日子或某些星期里，你的大脑偏离正轨，工作中失去能量和投入度。这里说的能量并不是指大脑从食物中获取的热量，而是指处于充满电而非电量耗尽的状态。这就是我们全身心投入工作和只是机械完成任务时所感受到的能量差异。

活力迸发型

"我今天完成了好多任务。感觉很棒，准备好迎接明天了！"

这是你的理想状态。你的心理健康水平处于最高层次，因为你一整天都保持"大脑在线"状态，即使面对挑战也不会陷入危机模式。由于拥有最高水准的精力和专注力，你能完成更多任务，日常能找到更多意义，感受到归属感和联结感，还能花更多时间去追求自己想要达成的目标。这就是能让你在工作中获得更多快乐和投入感的原因。

积极探索型

"今天感觉有点儿不对劲，我对工作提不起劲来。"

也许你在某个岗位上待了一段时间，某个项目没完没了地拖着，或者最近繁重的工作太多。你觉得缺乏成就感。这种状态下，由于你具备良好的心理健康能力，并且能觉察到自己的想法和感受，"大脑在线"的你会进行策略性思考，而不会陷入战斗或逃跑模式。你意识到需要采取有益的行动，想办法让工作与自己的热情、快乐和兴趣更契合。

苦苦奋战型

"我喜欢我的工作，但感觉压力很大，快崩溃了。"

你是不是整周都在自动驾驶模式下忙碌，完成了无数任务，却没有真正感受到多少快乐？或者没有好好照顾自己？你可能工作效率极高，甚至一直硬撑着，连休息、吃午饭的时间都没有，也没有采取其他方法让大脑"电池"休息一下。你可能没有经常审视自己，没有停下来评估自己的想法、感受和人际关系，以确保接下来的日子更有成就感。如果你长时间处于这种状态，就需要问问自己："我能承受自己的成功吗？代价是什么呢？是我的健康，还是我的人际关系？"只工作不休息会让大脑"离线"，既消耗精力又不健康。

艰难求生型

"工作中全是问题，我迫不及待想结束这一天！"

你感觉自己在工作中不断受到他人和各种状况的困扰，这让你感到生气或沮丧。每个人、每件事似乎都在惹你心烦，你连喘口气的机会都没有。你做的任务毫无意义，也不符合你的兴趣。你的思考大脑离线了，几乎完全由边缘系统控制，这引发了一系列不愉快且不健康的情绪反应。你发现自己一直处于要么战斗、要么逃跑的模式，这让你对工作感到焦虑、沮丧和不开心。你觉得自己在工作中只是勉强撑着，甚至是在受苦。有人把这种人称为"盼着下班的人"，对他们来说，时间仿佛过得特别慢。

大脑自检：你今天的精力怎么样？这周的精力呢？用几分钟想想这四种能量状态中，哪一种能最准确地描述你一天中的大部分时间。如果你没有处于"活力迸发型"模式，那就写下具体的内部和外部阻碍，正是这些阻碍让你无法进入这个状态。

如果你处于"活力迸发型"模式——那就太棒了。想一想你为什么能达到这种状态。你能总结一下自己为了在工作中保持专注和投入，有意识地采取了哪些策略吗？你是如何将这些方法或习惯融入每天的生活，使它们成为你的日常的？

回顾了自己本周的能量状态后，请善待自己，尤其是如果你处于"艰难求生型"或"苦苦奋战型"这些"大脑离线"

模式的次数较多时。与照镜子或接受医生检查来判断身体健康状况所不同的是，我们无法"看到"，也无法评估自己的心理力量和健康状况。但好消息是，我可以提供一些心理健康训练的练习和小窍门，来帮助提升和增强大脑的力量与韧性，你将在第二部分学到这些内容。在我看来，更棒的是，这件事与换衣服、开车去健身房、用复杂的器材做一些疯狂的锻炼不一样，它不需要你专门腾出时间。你一直都在使用大脑，只是没有用正确的方式训练它，来锻炼这些新的心理"肌肉"。它的目的是让大脑更聪明地工作，而不是感到更辛苦。调节好大脑，这样一天结束时，你不会感到精力耗尽，而是觉得充满活力，并为以同样积极的状态迎接第二天而做好准备。你能想象到这种感觉吗？

让我们回顾一下我在第 1 章说过的话：

我们可以用自己的大脑来管理并创造在工作中想要体验的情绪。我说过，这句话可能是你在本书里读到的最具影响力的一句话。在本章，我们已经了解到，创造"活力迸发型"体验是我们每天都要努力达到的目标。处于"活力迸发型"状态的好处在于，你会将更多时间用于展现自己的优势和技能，而不只是完成任务清单或应对紧急情况。

第 4 章
将精力聚焦于个人优势

"怎样才能保持'活力迸发型'模式呢？"

相信你已知晓我们把全天保持"活力迸发型"状态作为目标的原因。那么，在看似有无数任务要做且干扰不断的情况下，怎样才能做到这一点呢？首先要确立你在工作中的独特优势，然后投入精力，让这些优势得以发挥和提升。

无论从事什么职业、担任什么职位，我们都渴望相同的东西：从工作中获得快乐，因完成任务、发挥作用而产生成就感，并且喜欢团队中的伙伴。无论你是初入职场，还是已经身居高位，想要做出让自己感到自豪的成绩，都要先了解自己的内在优势或"超能力"，并利用它们每天都展现出最佳状态。当你应用这些内在天赋时，就能在工作中保持更充沛的精力、更强的动力和更高的投入度。如果在工作中无法施展自己的优势，你就不太可能从工作中感受到快乐，也不会对工作感兴趣，只是敷衍了事，还会对精力产生负面影响。明确自己的优势，以及想好如何运用这些优势，才能让你找到方向和目标。目标是全身心投入工作的基础，它能给你内在动力，让你专注于为自己和所在的组织机构去达成目标。最终，这有助于让你的"大脑电池"充满电，随时准备投入工作。

对我来说，很久以前，我就认识到了确定和发挥自身优势所拥有的价值。我做过许多正规评估，来帮助我明确自己的优势所在，并了解运用这些优势的应用场景。无论做哪种评估，每次结果都显示，我的优势和能激发起我热情的事物，都与创造具有创新性的且能激励他人的事物有关。创新和激励就是我的"超能力"，当我记得运用它们时（保持"大脑在线"），我会感到精力更充沛、更充满动力，也更有成就感。例如，创作这本书，就是为了激励人们在工作中采用这种创新的心理调适方法，帮助职场人每天都生机勃勃。当这个项目遇到挑战或让我感到压力巨大时，正是我的优势和目标给了我坚持下去的能量和动力。

工作中，我们很多人都有具体的绩效目标要达成，不管是销售业绩、客户留存率或新开发客户比率，还是利润率，等等。但你的工作目标应该比这些更深刻——它关乎你如何看待自己为客户、团队、所在机构，当然还有你自己的生活带来真正的改变。当你明确了自己的工作目标，就能将优势运用到那些让你最有成就感的项目和活动中，这将再次帮助你达到"活力迸发型"状态。

工作投入程度对人们幸福感的影响

盖洛普的一项研究表明，[14]工作投入的人和工作不投入的人在幸福和压力方面有着截然不同的体验。那些工作投入的人全天的幸福水平都显著更高，甚至在非工作日也更快乐。工作不投入的人则恰恰相反，他们的压力水平明显要高得多，只有在工作日结束时幸福水平才会有所提升。为什么要让自己一生中这么多时间都处于压力更大、幸福水平更低的状态呢？明确自己的目标和优势，并将其运用到工作中，会对人每时每刻的幸福感产生积极影响。

至于如何找到个人目标，如何确定个人优势，有很多优秀的书籍和评估工具可以借鉴。有些人可能对克利夫顿优势评估之类的工具比较熟悉，该评估工具能识别出你的天赋，你可以在练习中发展才能，使其成为你的优势。要记住这个简单的公式：天赋×投入（练习）= 优势。

我个人非常喜欢汤姆·拉思（Tom Rath）的著作《人生最重要的问题》（*Life's Greatest Question*）。[15]拉思是人类行为专家，也是盖洛普的资深科学家，他在书中解释道："我们真正的工作，应该是思考如何通过自己的工作做出最大的贡献。"拉思认为，我们每个人都应该"思考如何做出有意义的贡献"。

生活中没有"完美"的工作，但拉思和我都认为："我们大多数人都可以从自己的岗位贡献最大化开始。" 如果你的大脑处于"离线"状态（偏离轨道），你就无法让自己的贡献最大化，只有精力充沛、"大脑在线"时才能做到。

举个简单的例子，以职业团队运动来说，加入团队的每个人，都是因为具备某些优势、天赋和才能，他们共同助力团队取得优异成绩。然而，如果某个成员被放在替补席上，没有上场机会，他可能就不再那么投入。虽然他仍在场边支持团队，以此种方式做贡献，但他的主要目标和贡献并没有得到充分发挥。同理，你也有同样的情况。你可能会有不得不做琐碎任务的日子，或者发现自己被排除在一个备受瞩目的项目或重要会议之外。在这些时候，你可能会退回到"积极探索型"模式，甚至是"艰难求生型"模式。

其实，你随时都有可能把现有的工作变成理想中的工作。拉思在为写作调研时发现，职场中的贡献可以用三个通用词来描述：创造、执行和关联。让我们用这三个词来思考你在职场中的独特优势和贡献。

大脑自检：花几分钟时间，想出三个词来描述你的优势、天赋、贡献以及独特的"超能力"。你不必追求完美的词，之后你可能会找到一个新的词，来更清晰、更深入地表达你在工作中运用自身优势时的愉悦感受。这里有三个技巧来快速帮助你总结出这三个词。

技巧一：精彩瞬间回顾

回顾你的"精彩瞬间"。回想过去，写下你真正享受工作或个人价值得到发挥的经历，也就是那些处于"活力迸发型"状态的日子。思考这些经历的共同点，是否激发了新思路？是否为团队或客户提供了超越预期的服务？或是在特别艰难或忙碌的时候，让

63

大家保持积极的心态？列出这些经历，并写下能解释这些共性的词。

技巧二：询问真正了解你的人

请同事、朋友或家人帮忙挖掘这个主题的内容。挑选几个真正了解你，且在不同场景中观察过你的人，他们对你的优势和你一直以来令人钦佩之处，有着客观且往往出人意料的看法。比如，在我写这本书之前，我丈夫从未思考过自己的目标和优势。和他一起回顾了他的精彩瞬间后，我们发现他的目标是"享受乐趣"。和很多人一样，他的第一反应是觉得这不对，"这个目标看起来不够重要啊，我的目标是享受乐趣吗？"但讨论后我们发现，这个判断很准确，因为在家里，他总是扮演开心果的角色，还会提出让家人一起享受欢乐时光的各种点子。工作中，他也为员工营造同样的氛围，让努力工作和享受乐趣相辅相成，带给客户出色的成果。总结下来，他是一名顾问，身处一个被认为压力很大的行业，这进一步凸显了应用优势来创造积极体验和良好成果的重要性。将这一优势融入生活和工作，他能有策略地投身于那些既能带来快乐又能带来成功的事情。

技巧三：确定能带给你快乐的事情

你每天喜欢做什么？如果你没有机会经常做自己喜欢的事，那么你在职业生涯中获得高级别幸福感的可能性就会降低。有时，你喜欢做的事情可能并非工作任务本身。我一直很喜欢和同事聊聊他们正在做的项目，或者他们的个人生活。你可能会发现，午休时、上下班途中和朋友或家人聊天，是一天中最愉快的时光。甚至利用这些休息时间学习新东西、读一本好书也算。一天之中，不管你喜欢做什么，无论是工作中可直接用到的特定技能，还是休闲时光和工作之余做的事情，都能帮助你发现并确定自己的优势。这些活动可能意味着更广泛的优势，比如建立联系、合作、创造、服务他人、关爱他人、学习等——这些在工作中都是适用的。汤姆·拉思指出，职业生涯幸福感较高的人，整体生活状态蓬勃向上的可能性是其他人的两倍多。他进一步解释道："职业生涯幸福感高的人每天早上醒来，都对当天要做的事情有所期待，而且他们做的是能够发挥自身优势和自己感兴趣的事情。"

　你的三大优势

_____

_____

_____

我运用上述几种方法，总结出"激励""创造""创新"这三个词（你们应该能看出来，我的评估结果对我有一定影响）。这些词成为我的工作和生活中的指引，也是我的主要能量来源。回首过去，很明显，当我的工作与自身优势不匹配时，我的健康状况、工作动力、人际关系和职业发展都受到了影响。

比如，在我意识到从事自己感兴趣且符合自身优势的工作非常重要之前，我的职场之路走得很艰难。大学毕业后，我在一家大型私人银行从事会计工作，负责五个主要部门的预算和预测工作。我非常喜欢和客户打交道，为他们提供帮助，但我在实际工作中找不到乐趣，还一直不明白自己工作不开心也不投入的原因，那时我处于"积极探索型"模式。现在回想起来，我的关键优势和有激情的事项中，只有激励他人这一点在工作中得到了满足。然而，在这份工作中，我没有足够的机会发挥创造力或进行创新。于是我离开了银行，加入了一家大型咨询公司，那里为我提供了更多发挥其他优势的机会。

但在这个快节奏的咨询行业里，我一直处于"苦苦奋战型"状态。我还没有锻炼好自己的心理"肌肉"，没有意识到每周工作 60 个小时会让我走向严重倦怠之路，陷入焦虑、抑郁，身体也出现疼痛。我喜欢这份工作和共事的人，所以一直努力坚持，直到精疲力竭，陷入了"艰难求生型"模式，这时我才意识到，自己不再喜欢这种状态，也不再喜欢正在做的工作。

离开咨询行业后，我开始创业。当时，我的孩子不喜欢吃蔬菜，流行的做法是把那些颜色鲜艳的蔬菜偷偷加到孩子的食物里。于是，我和我的嫂子一起创办了一家冷冻蔬菜泥公司——Hip Hip Puree! 在很长一段时间里，我都处于"活力迸发型"状态，因为我发挥了自己的优势，目标坚定，还取得了不错的成绩。但是，当公司要扩大规模、需要投入大量资金时，我终于审视了自己的内心。我甚至没意识到，自己内心深处对这份工作并没有真正完全投入。我似乎在"积极探索型"和"苦苦奋战型"两种模式间来回摇摆，很少处于"活力迸发型"状态。我记得很清楚，这一点真的让我感到措手不及。

我一直在创造（新产品、新客户群体等），也在激励他人（妈妈们总是写信感谢 Hip Hip Puree!），为什么还不是"活力迸发型"状态呢？经过深入反思后，我找到了答案。大部分时间我都属于"苦苦奋战型"，只是一味地努力推进业务，但我的大脑其实是"离线"的。当停下来进行自我安抚和深入思考后，我又"大脑在线"了（进入"积极探索型"模式）。在这种状态下，我恍然大悟：我极其讨厌做饭。我对创造一种能帮助他人的创新产品感到无比兴奋、充满动力，却没意识到自己大部分时间做的事情是在做蔬菜泥，这对我来说毫无乐趣可言！

由此可见，将自身优势与目标联结起来，所产生的力量有多大。但如果你不审视自己，不打造自己的心理力量，你就可能走错方向。

结合我的个人经验，向你提供两条重要建议：

- 尽可能清晰详尽地了解自己的喜好、兴趣、天赋和才能，这样你就能找到最适合自己的事情并投身其中。
- 不要等上几年、几个月甚至几天才审视自己。每天都停下来自我反省，及时调整方向，这会极大地改善你的生活。

这些教训对我来说极其深刻，我花了很多年才领悟过来。这段经历就像催化剂，促使我每天都进行自我审视，尽可能时刻掌控自己的生活。

警惕那些可能削弱个人优势的情绪和社交方面的因素

还记得我在第 2 章提到的内部和外部阻碍（或挑战）吗？我们讨论了日常工作环境中面临的阻碍。在这里，我想介绍一下，我们工作中所遇到的、可能削弱自我优势的情绪因素和社交因素。这些"破坏者"，或者说你脑海中的声音，正是那些消极且重复的想法、感受或行为，它们会真正阻碍你发挥优势，让你的贡献无法最大化。

情绪破坏因素

我们在脑海中不断上演各种"剧本"和对话，它们会破坏我们保持"大脑在线"状态的能力。或许你听过"我们讲给自己的故事"这种说法，它指的是人类有一种独特的能力，能根据大脑传递的信息构建自己眼中的现实。而这些"故事"对我们的自尊和自信往往有负面影响。它们会让我们忘记且无法发挥自己的优势和能力。

我发现,人们在自己的"故事"中经常扮演"怀疑者"的角色,这个词我最初是在玛西亚·维德尔(Marcia Wieder)所著的《梦想:明晰并创造你想要的》(*Dream*,*Clarify*,*And Creat*)一书中看到的。[16]维德尔是意义研究所的创始人,她在研究所教导人们如何创新并过上有意义的生活。"怀疑者"是我们内心的一个角色,它总会提出一大堆问题和担忧,它只会阻碍你前进。"怀疑者"喜欢限制你的自信。维德尔指出,如果你忽视"怀疑者",它的声音就会越来越大,很快就会主导你的现实生活,让你的目标和梦想破灭。

维德尔解释说,"怀疑者"的声音通常是这样的:"我不认为这是个好主意。"它甚至可能会更直白:"你疯了吗?"在把这个声音的"音量"调小之前,你需要倾听它的唯一原因是,它能帮助你识别出那些限制你的信念,而这对大多数人来说都是一个巨大障碍。你是否听到过朋友这样说:"我想申请公司刚开放的那个新项目或新工作,但我觉得,老板可能会认为我不具备相应技能,不会推荐我。"听到这种自我设限的想法,你是不是很想摇醒他们?你认为他们完全可以胜任,可为什么他们自己意识不到呢?"怀疑者"的声音通常是这样:

"我之前试过，没成功，所以我不会再试了"。又或者："我又一次错过了晋升机会，我肯定不够优秀。"这种限制性信念表明，你正处于"大脑离线"状态，因为你陷入了消极、不切实际的思维里，正在削弱自己的优势。

大脑自检：限制性信念之所以成为一个问题，是因为它们很难被察觉。它就像你脑海中的白噪音，吞噬你的自信、梦想和抱负。花两分钟时间，写下你昨天或上周里对自己说过的一些限制性信念。你的答案可能类似这些：

- 不管我怎么努力，都不会成功。
- 现在才开始一项新工作，有点儿太晚了。
- 我年纪太大了。
- 我太忙了。
- 我不配。
- 我无法认同这件事。
- 我别无选择。

限制性信念

_____

_____

_____

圈出那些你经常说的，或者在阅读过程中让你身体反应最强烈的限制性信念。提醒自己，这些信念对你没有任何帮助，还会让你付出巨大代价。告诉自己，是时候切换到理性思考模式了，是时候摆脱这些限制性信念的束缚了。对这些限制性信念，写下更积极的表述。

改写后的限制性信念

_____

_____

_____

社交破坏因素

白天，我们大多数人都要与其他人一起工作或交流，所以很重要的是，你需要去了解那些不愉快的、不健康的社交互动是如何让你的大脑"离线"、耗尽精力的。社交破坏因素会让我们没有精力充分发挥自身优势，无法让自己全天保持"活力迸发型"状态。当遇到任何社交障碍时，大脑就好像突然断了电一样。在不同情形下，社交破坏因素可能会导致你缺乏自信、自尊受挫，感到自己不被认可，进而陷入恶性循环。

同伴压力同样是一种让我们"大脑离线"，阻碍我们发挥自身优势的负面影响因素。参与自己不感兴趣的项目、答应所有的要求、轻信办公室里的流言蜚语，这些都是会让你大脑"离线"的社交破坏因素。由于我们一天中大部分时间都在工作场所与人互动，所以要弄清楚你的"威胁—奖励"系统是如何影响你的职场社交体验的，这一点非常重要。记住，我们本能地就会远离产生威胁的事物，而去靠近所有我们认为能带来奖励的事物。

戴维·罗克博士是《效率脑科学》一书的作者，也是神经领导学协会的创始人。他创建了一个名为 SCARF 的模型，用于识别社交威胁和奖励的五个领域。这些"社交威胁"能像真正的身体威胁一样，激活我们大脑的生存系统。职场上的其他人就像是霸王龙和剑齿虎，他们很容易引发我们"关闭"思考大脑，而"开启"情绪大脑。正如我们已了解的，一旦大脑"离线"，我们一天中发挥自身优势所需的能量来源也就被切断了。所以，我认为每个人都应该评估一下自己的

SCARF。因为我每天都在和人打交道，所以我经常（工作日每天至少使用 3~5 次）使用这个模型，弄清楚社交场合中我的大脑"离线"的原因。这个模型能解释我们在社交场合（无论线上还是线下）中所产生的强烈情绪反应，以及为什么这些反应往往难以控制。它还能让我明白自己为什么会自我怀疑（以及那些限制性信念是如何瞬间占据主导地位，让我无法发挥天赋和优势的）。这是我们的本能在起作用，但我们需要意识到什么时候该改变这种本能反应，回到"大脑在线"状态，并充分发挥自己独特的优势和能力。

SCARF 模型建立在威胁和奖励的基础上，主要围绕五大领域，即地位（status）、确定性（certainty）、自主性（autonomy）、关联性（relatedness）和公平性（fairness）。

地位：指的是我们相对于他人的重要性，或者我们对自己在周围人群中所处位置的认知。例如，如果你未被邀请参加你所负责项目的相关会议，或者未收到团队其他人都收到的邮件，那么你的大脑可能会将其视为对自身地位的威胁，进而立即进入"大脑离线"状态。这可能会让你质疑自己的价值、能力，以及自己对团队或组织的贡献。

确定性：指的是消除不确定性。大脑是一台模式识别型机器，它不断地试图对近期将要发生的事情做出准确预测，以确保我们的生存不受威胁，所以它非常渴望确定性。它本能地想要理解不熟悉的事物。但是，在当今世界，确定性很少见。此外，工作中的一些小事也会引发不确定性，比如不清楚领导的期望、任务的要求、截止日期，不清楚新客户的需求，以及不确定会议上某人皱眉是不是因为我们的言语或行为。我们的威胁系统常常处于高度戒备状态，而这往往是由不确定性所导致的。如果这种情况触发大脑进入"离线"模式，你就无法运用自己的优势来解决问题，也无法专注于你所能掌控的事情。

自主性：指的是对自身所处环境的掌控感，即拥有选择和机会专注于自己所擅长之事的感觉。当我们无法影响结果时，就会触发威胁感知器，进而产生战斗或逃跑反应。

关联性：指的是判断自己是否属于某个特定的社交群体。人们天生喜欢建立自己的"圈子"，以此体验工作中的归属感。如果你因为自己的角色而感到被孤立，或者被排除在会议、重要客户邮件或项目之外，你的威胁反应可能会是屈从于同伴压力，试图重新融入"核心群体"，或者获得领导的认可。你可能会答应一些自己没时间做，且与核心优势或兴趣不相符的项目或请求。

公平性：指的是知道自己受到与同事一致的对待。这不仅仅包括职场中的薪酬公平、性别平等或社会正义等重大问题。我希望你留意到，日常互动中，当我们的大脑受到威胁并察觉到某些不公平的事情时，就会产生反应。为什么那个人被邀请了，而不是我被邀请？为什么我被安排做那个任务，而不是别人？为什么会上那个人的工作受到表扬，而我刚完成的大项目却没有？你可以看到，这种威胁反应虽然微妙，却像能量吸血鬼一样，在不知不觉中让你聪明的大脑在一天中多次"关闭"。

在 SCARF 模型的各个领域中，工作投入的员工能体验到高水平的积极奖励，工作不投入的员工则会面临较高水平的威胁。我们每个人往往都存在一两个威胁类别，对自己产生深刻影响。

我发现，对我影响最大的 SCARF 威胁是不确定性。我在工作中受到刺激，主要是因为我不理解那些别人期待我做的事情，或者不明白我被要求参与的原因。为了重新回到"大脑在线"状态，我采信了这句话："别剧透，一切都会好的。"我一直在练习与不确定性和睦相处。这句话就挂在我办公室的墙上，时刻提醒着我自己。

对我影响第二大的 SCARF 威胁是自主性。基于我的目标（激励、创造和创新），以及我在克利夫顿优势评估中的"未来主义者"这一优势，我深知自己确实需要工作自主性，才能专注于发挥创造力、提出新想法。当我感觉自己的自主性受到威胁时，比如被要求参加一整天的强制培训，或者被要求一直待在办公室全勤工作，我的大脑就会"关闭"。这就是我的思维模式。在无法获得自主性时，我需要进行心理健康练习（详见本书第二部分），来保持"大脑在线"。但我知道，对我来说，如果要充分发挥自己的优势，自主性是关键因素，也是让工作充满活力的动力因素。

大脑自检： 花点儿时间回顾一下你昨天或上周的

状态。运用 SCARF 模型，哪些情况让你产生了威胁
反应或奖励反应？对你影响更大的领域是哪两个？

第一部分重点知识回顾

你已经学习了许多有关大脑工作原理，以及如何帮助你保
持"大脑在线"等方面的知识。以下是第一部分的重点总结。

- 自人类诞生以来，我们的大脑就没有"升级"过。它
  的主要功能，仍然和数千年前地球上的人类祖先的大
  脑如出一辙。和穴居祖先一样，人类大脑的设计初衷
  是保障安全，而不是让人感到快乐。

- 我们的大脑总是在思考：是奖励还是威胁？人类大脑
  的主要构成系统，将每个信息输入或刺激分成两类：
  威胁或奖励。这意味着，我们的大脑会默认把所有事
  物都视为，①要么是可能造成伤害甚至致命的东西；
  ②要么是对我们无害且安全的东西。

- 大脑中的杏仁核会让人们陷入困境。我们的前额皮质
  总是在与大脑的情感中心，尤其是杏仁核做竞争。杏

仁核会引发我们的情绪反应。在当今这个复杂的世界里，我们的杏仁核总是处于高度警觉状态，不断地做出战斗、逃跑或僵住的反应。日复一日，我们的精力被消耗殆尽，最后变得焦躁和不开心。

- 我们的杏仁核总是在扫描周边环境并对内部和外部障碍做出反应。它让我们整天被各种情感和心理障碍以及干扰因素分散注意力。处理这些挑战和干扰，可能会花掉你一天一半以上的时间。

- 你的任务是帮助大脑管理好这些内部和外部的障碍。我们需要训练自己的大脑，让它在"威胁"或警报系统启动时保持警觉，并确保更理智的思考的区域发挥作用，做出更健康的反应。如果你能先处理好内部障碍，就能成功应对外部障碍。

- 运行大脑需要消耗我们大量的身体能量。这些能量大多被浪费在了消极思维和基于恐惧的行为反应上，尤其是基于生存默认模式的反应——时刻准备战斗、逃跑或僵住。

- 努力保持"活力迸发型"状态。当你处于这种模式时，你的大脑是"在线"的，你会感到精力最为充沛、注意力最为集中。你能完成更多工作，意义感更强烈，感受到归属感和联结感，还能花更多时间去达到自己的目标。

我们已经学完了第一部分，希望你对大脑的工作方式，以及如何掌控工作中的幸福和成功，有了更多的认识和见解。接下来是第二部分——"大脑在线"个人日常行动指南。在这部分内容中，我将推荐一些心理调节技巧和幸福小窍门，来训练大脑保持精力充沛，帮助你从现在开始就展现最佳工作状态。

第二部分

"大脑在线" 个人日常
行动指南

还记得在本书开头，我把自己称为你的脑力训练师吗？我对这份工作很认真，尽全力帮助你提升职场心理调节能力。此前，从来没有人告诉我们要关注自身的心理健康。这正是我撰写本书的原因之一。提升心理调节能力，确保你进入"活力迸发型"模式，对于提升你的幸福感、达到职场目标至关重要。为什么说很重要呢？如今，许多职场衡量个人成功的标准是"达到或超越"预期，即看你是否完成了既定任务。但是，获得幸福感并保持"活力迸发型"模式的关键，不仅在于你所取得的成果，还在于你获得成果的方式。这就是"大脑在线"带来的不同。为了达到目标，你是否一直压力重重？你喜欢与目标相关的技能和任务吗？每次为目标努力时，你是否总感到能量爆棚？你是否学到了令自己愉悦的新东西？

现在，让我们结合不同目标带给我们的能量感，升级我们设置职场目标的方式吧。在此部分，我将完全进入教练角色，帮助你以全新的方式确定目标，并确保你以积极、持续赋能且有益心理健康的方式达到目标。想象一下，我脚蹬训练鞋，头戴印有酷酷的"大脑在线"标志的棒球帽，手里拿着厚厚的写字板。我们将学习一些心理健康训练的热身练习和日常策略，让你的大脑在工作"赛场"上每天都保持"活力迸发型"

模式。

"大脑在线"个人日常行动指南是一种全新且简便的工作日管理方法。它让你善于思考的大脑掌控全局，帮助你达到目标，并避开那些可能打乱你一天节奏的讨厌的"减速带"和"坑洼地带"。你将学会通过做出一个个更好的即时选择，来达到并保持"活力迸发型"状态。就像在一场真正的体育比赛中，往往是瞬间的决策最终决定了比赛的胜负。

准备好了吗？

让我们开始吧！

第5章

建立在个人优势上的全新
工作目标

"我应该在哪个方面集中精力?"

如果你在健身房与健身教练合作,你们会共同设定具体目标,比如提高耐力、减重、增强力量或提升柔韧性。你可能出于健康考虑想减重,为了能户外活动便利而提高耐力,为了在锻炼或庭院劳作时不出现肌肉酸痛而增强力量,或者为了缓解长时间伏案工作的不良影响而提升柔韧性。

任何体育训练目标的达成,都需要长期坚持日常锻炼——你不可能在一周时间内就练出强壮的手臂肌肉,也不可能一周内减掉十磅体重。想想职业铁人三项运动员是如何全身心投入训练的。他们的长期目标是参加一场长达 140.6 英里(约

226.3 千米）的艰苦比赛并获得胜利。在从事游泳、骑自行车、跑步这些"工作"时，他们需要保持专注，并充分发挥自己的关键优势（听起来是不是很熟悉）。他们每天八小时的"工作日"都用于特定训练，来增强耐力。这些运动员投入大量时间进行训练，努力达到最佳表现的目标。

我们很少有人会有参加铁人三项比赛这样的目标，更不用说赢下比赛。但原则是同样的，既适用于你设定工作目标，也适用于你保持最佳心理状态来达到目标。你的主要心理健康调节目标是达到并保持"活力迸发型"模式，这样你就拥有足够的脑力和动力，实现建立在自身优势基础上的职场目标。目标就是你的工作日的导航，能给予你的大脑一个积极且更具建设性的关注点，而不是在原始模式下不断分心和持续扫描潜在威胁。

我知道，"目标"这个词有时会让大脑"离线"，因为它可能会唤起过去未达成目标的负面情绪和失望感，或者让你想起别人为我们设定的目标。请记住"目标"在字典中更中性的定义 ——"努力所指向的终点"——并提醒自己，设定目标的关键在于集中精力。这里的关键词是"集中"。设定目标是一项基础的心理技能，它在训练你的大脑专注于自己想要的东西和想去的地方。这不是很有道理吗?你的时间是宝贵的资源,为什么要把宝贵的脑力浪费在你不想要或不关心的事情上呢?

如果目标缺乏背景情境,你对其也不感兴趣,那么这四个字母组成的单词(goal)可能比攀登珠穆朗玛峰还让人望而生畏。如果健身教练知道你现在连 10 磅的重量都举不起来,他绝不会给你设定一个月内举起 100 磅的目标。谈到目标这个话题,我所说的目标,并不是那些"要么大获成功,要么干脆放弃"的目标。作为追求卓越的人,我们都习惯于设定宏大、艰巨、大胆的目标。但大目标带来的负担可能超过激励作用,日复一日地坚持追求这些大目标似乎更令人望而却步。有远大梦想固然是好事,但"大脑在线"的实现方式是从小事做起。

目标设定练习

回忆一下你在工作中完成的那些让你有成就感、精力充沛且真正快乐的事情。是开发了一门新的培训课程?是指导了一位新同事?是被指定主导一个关键项目?还是不仅按时完成了一项艰巨任务,而且超越了自己或经理的预期?这种复盘练习对设定新目标非常有帮助。它有助于激发你的大脑创造力和活力，让你下次能继续发挥自身优势。

让我们来试一试：写下你的某些工作经历。你打算如何以这些经历为模板，设定出激励人心且引人投入的目标呢？

我近期达到的一个让人充满活力的工作目标：

_____

_____

_____

了解自己的目标并付诸行动，是让你每天保持动力满满、呈现"活力迸发型"状态的"秘诀"。但只有与你的优势相匹配，这些目标对你才最有意义。集中注意力将优势与目标相匹配，这是我们从未学过，也未曾花时间做过的事情。

本章及其练习旨在帮助你识别、设定和评估目标，让你最大限度地进入"活力迸发型"状态，提高职场满意度——这也让你产生那种凭借自身独特技能为所在组织做出贡献的感觉。我们并不是仅仅基于公司目标、职位职责或绩效考核来设定目标，而是要转变思路，为自己制定符合个人优势的工作目标。识别自己的优势并将其应用于目标，这是一种全新的工作方式。当你的目标与个人天赋相契合，并能让你有所成长时，你的日常工作将变得更有成就感、更快乐。

设定目标时要考虑自身优势，为什么这一点很重要呢？盖洛普指出，目标"常常是为了惩罚我们自己的'不良'行为，弥补我们缺乏的才能，或者为未达成的成就而设"。[17] "必须达成的目标"和"成长型目标"之间存在很大差异。我们的大脑习惯基于任务而设定目标，而并没有考虑那些真正有意义且能改善职场生活的因素。盖洛普提醒我们，建立在自身优势基础上的目标能让你把你想要关注或被要求关注的工作目标与你的自身需求和天赋结合起来，如关注：

- 对自己非常重要的事情。
- 自己希望得到成长的方式。
- 自己希望看到做出的改变。
- 自己可以发挥哪些天赋来达到目标。

设定短期目标和长期目标

我们首先需要列出短期目标和长期目标清单。这些目标你应该每天都牢记于心，因为它们是你职场中（以及生活里）的个人指南。你所设定的目标应该能让你：

- 感到精力充沛、心态平和、充满希望、开心快乐。

- 一天结束依然"电量满满"。

- 建立更牢固的人际关系。

- 确保自己完成的是有意义的工作。

- 能够为比自身更宏大的事业做贡献。

- 感到被重视、被认可。

列这两类目标清单时，你可以采用平时与经理或团队领导设定目标的方法。短期目标可以设定为下个月要完成的事情，长期目标则可以持续至一年或更久。记住，长期目标也可以由多个小目标组成，不必经过深思熟虑、耗费大量时间，也不必是宏伟的愿景。尽可能多地写下你能想到的目标，然后回过头来，选出几个在未来几周或几个月里，最让你感兴趣、愿意花费时间去做的目标。

短期目标：

_____

_____

_____

长期目标：

_____

最后，让我们检查一下你上面所列出的目标，确保它们是有意义的、可实现的，且能让你的工作日更快乐、更健康、充满活力。这些目标应该：

与你的价值观一致——将目标聚焦于对你最重要的事情。

定义清晰——应该能够明确指出每个阶段的完成标志。

易于掌控——确保你真正渴望的是自己正在努力达到的目标，并使其成为你自己的目标。

现实且具有挑战性——确保目标既能在合理的时间内达到，同时又能促进你的成长。

表述积极——用积极的语言陈述目标，这样达到目标时会带来更充实的感觉。

符合 SMART 原则——目标要具体（specific）、可衡量（measurable）、可达成（achievable）、现实（realistic）且有时限（time-bound）。

全新的目标设定方式

现在，我们将以"大脑在线"的全新方式审视这些融入了你个人优势的目标，你能在其中充分发挥自身天赋，在工作中保持精力充沛。

让我们回顾一下你在第4章中所总结的三个描述自身优势的词。在设定明天、下周和下个月的目标时，记得将自身优势放在首位，这一点至关重要。

现在，重新写下你的三个优势：

_____

_____

_____

通过融入这些个人优势，让你的目标更符合 SMART-ER 原则。一些积极心理学家认为，这里的 E 代表可评估（evaluative）和符合道德规范（ethical）。我则认为它代表执行（execution）——你追求目标的方式能否带给自己健康的结果？重要的不仅是你取得了什么样的成果，还有你取得这些成果的方式。如果追求一个工作目标，需要你熬夜加班，靠吃不健康的零食撑过去，或者变得极度焦虑、压力过大甚至生病，那就毫无意义了。因为你的大脑没有处于"活力迸发型"状态，你也就无法展现出最佳工作表现。

SMART-ER 最后的 R 代表有回报（rewarding），这是从积极的、内在激励的角度而言，并非单纯指经济奖励或外部物质奖励。确保目标具有内在激励性和回报性，是让你"大脑在线"并保持专注的关键。

练习设定基于个人优势的目标

以你刚列出的短期目标和长期目标清单为基础，加入你的个人优势因素，重新撰写这些目标。如果你需要先休息五分钟，请便。希望你在学习过程中能保持"大脑在线"，我将让你了解我自己是如何完成这个练习的，以便让你掌握方法。

黛布基于个人优势的目标设定示例

首先，我为来年设定了四个基本目标。

1. 制定升级 PEQ（我开发的一款健康产品，用于销售、实施和提供服务）的要求和规范。

2. 6 月 1 日前将最终书稿交付给出版商。

3. 提高幸福感与品牌意识参与度。

4. 制订一份将公司健康解决方案整合到所有新业务线的战略计划。

接下来，在审视这份清单后，我按照所学的方法（和大多数人一样），确保这些目标符合 SMART 原则。所以，上述第 1、3、4 个目标缺少一些要素，需要完善。下面，我将第 1、3、4 个初始目标更新为符合 SMART 原则的目标，修改部分以**加粗**显示。

1. **10 月 1 日前**制定升级 PEQ 的要求和规范。

2. 6 月 1 日前将最终书稿交付给出版商。

3. **9 月 1 日前在两大行业刊物上发表三篇文章**，以此提高幸福感与品牌意识参与度。

4. **8 月 1 日前**制订一份将公司健康解决方案整合到所有新业务线的战略计划。

但多年来我发现，如果仅做到这一步，只使用符合 SMART 原则的目标，我们可能无法真正每天都专注于达到目标。为了确保我们能持续保持专注且充满动力（而不是精疲力竭、沮丧、消极怠工、大脑"离线"），我们需要结合自身优势来达到这些目标。所以，我将自己的优势融入这些目标表述中，以*斜体*显示。采用动词和表示行动的词会有帮助，因为你的优势会从内在激励你采取正确行动。

我将发挥*创造力*……

我将运用*前瞻性思维*……

我将利用建立人际关系的优势……

以下是我融入个人优势及其影响后，更新的四个目标，斜体部分为新增内容。

1. *运用我的创造性才能*，我将在 **10 月 1 日前**制定出*独特的升级 PEQ 的要求和规范*，*使我们在竞争中脱颖而出*。

2. *凭借我的项目管理能力*，我将在 6 月 1 日前将最终书稿交付给出版商。

3. *发挥我的创新性和前瞻性优势*，**9 月 1 日前在两大行业刊物上发表三篇文章**，提高幸福感与品牌意识参与度。

4. *利用我的人脉和创意技能*，**8 月 1 日前**制订一份将公司健康解决方案整合到所有新业务线的战略计划。

现在我们已经将自身优势融入目标，最后一步是，确保这些基于个人优势的目标符合 SMART-ER 原则，即考虑我们达到目标的方式。我建议，在每个目标中，加入你希望保持的、与健康状态相关的特质和特点，这样你就能以健康、高效且充满活力的方式达到目标。同时，这也会在你深入研究目标细节时，为你提供指导，确保你不仅衡量自己完成了哪些里程碑工作，还关注自己完成的方式。在截止日期前开发出一款新的优质产品固然不错，但如果你因此出现惊恐发作，因高血压而住进医院，或者因为工作强度过大而导致人际关系破裂，那么在我（可能你也一样）看来，你并没有真正成功达到目标。

在目标表述中添加一些修饰词，例如，<u>在……期间、同时、在此期间、整个过程中、自始至终</u>等。下面，我们通过一些示例来展示这些修饰词的用法。

- 每天多次审视自己，确保处于"活力迸发型"状态，保持"大脑在线"。

- 期间，与家人也保持健康的良好关系。

- 晚上和周末不工作。

- 感到兴奋而非压力过大，即使面对挑战，也能享受项目进程。

- 监测自己的压力水平，确保下班时不会精疲力竭。

- 每天只喝一杯咖啡，寻找健康的方式来维持精力水平。

- 项目工作期间每两小时休息一次。

- 周末不工作，充电恢复精力。

- 工作忙碌阶段，保证充足的睡眠。

- 参加家庭活动、比赛，出席学校活动。

- 与团队建立牢固且正向积极的关系。

- 坚持日常散步和锻炼计划。

- 在此期间，能够觉察并及时调节自己的情绪。

以下是我最终修改的、符合 SMART-ER 原则的目标表述，以下划线显示，不仅说明了我要完成的事情，还展示了我的完成方式。

1. *运用我的创造性才能*，我将在**10 月 1 日前**制定出*独特的升级 PEQ 的要求和规范*，使我们在竞争中脱颖而出，同时营造一个促进协作和交流的虚拟工作环境。

2. *凭借我的项目管理能力*，我将在 6 月 1 日前将最终书稿交付给出版商，在写作过程中保持"大脑在线"，享受乐趣，为写作过程中的每一点小进展而庆祝。

3. *发挥我的创新性和前瞻性优势*，**9 月 1 日前在两大行业刊物上发表三篇文章**，提高幸福感与品牌意识参与度，同时确保安排休息和恢复时间。

4. *利用我的人脉和创意技能*，**8 月 1 日前**制订一份将公司健康解决方案整合到所有新业务线的战略计划。该计划将包含切实可行的截止日期、优先事项安排和我的健康目标，确保自己不会因试图在短时间内完成所有事情而累垮。

现在轮到你了！从本章前面写下的目标（短期目标或长期目标均可）中挑选一些，运用 SMART-ER 方法重新撰写，融入你的个人优势以及达到目标所需的健康状态相关特质。

你的 SMART-ER 目标

SMART-ER 目标 1

_____

_____

_____

SMART-ER 目标 2

_____

_____

_____

教练提示：达到你的目标

通过基于个人优势的 SMART-ER 目标设定，你已经为拥有充满活力的工作日奠定了基础。在介绍如何通过"障碍赛道"、保持"活力迸发型"模式的策略之前，我还将给予一些我个人非常喜欢且行之有效的建议，来让你始终将目标牢记于心。

提示 1：通过日常习惯来达到目标

你已经花费了一些时间来思考自己的目标，并落实到纸上。你心中有了明确的方向，知道自己在某个日期前想要实现的结果。但如果一个目标没有被列为每日优先事项并付诸行动，那它就只能是一个愿望或空想。

詹姆斯·克利尔（James Clear）在其畅销书《掌控习惯》（*Atomic Habits：Tiny Change，Remarkable Results*）中深入探讨了通过特定流程或体系来达到目标的方法。他解释说，目标是结果，而体系是通向结果的过程。他所说的"体系"，是指你日常的小习惯，这些习惯会让你越来越接近期望的结果。日常习惯能激发人的动力，带来自我提升。习惯是我们每天都在重复进行的行为，它能系统地帮助我们达到目标。如果你有几天或几周在充电休息，这没问题，但如果许多天过去了，你还没有优先培养有助于达到目标的习惯，那么你很容易永远无法达到目标，最后只能疑惑时间都去哪儿了。

那么，为什么优先培养助力达到目标的好习惯如此困难呢？这要归因于我们原始的爬行动物大脑，它的设计初衷是尽可能节省能量以保障身体安全。这就是为什么我们不能单纯依靠意志力来做出健康的改变，因为大脑总是默认进入"大脑离线"、基于威胁的反应模式。你需要培养能够坚持下去的习惯，而这要从每日计划开始。

提示 2：带着清晰的计划开启一天的工作

回到体育比赛的类比，一支球队如果没有比赛计划就上场，只会陷入混乱，大概率会输。你的一天和为目标努力也是如此——没有清晰的计划，你就是在为失败埋下伏笔。正如詹姆斯·克利尔所说："别再等待动力或灵感的自动降临，为自己的习惯制定一个时间表。"这里的信息很明确：动力源自行动，而非相反。

通过计划每日任务和习惯，将目标转化为实际行动，你将取得有意义的进展。首先要确保自己不同时发力太多目标，无论是短期目标还是长期目标。你要从整体上看待你的周工作计划，一周的时间有限，要决定哪些目标适合每天推进，哪些一周只需推进几次。

尽量每天在同一时间计划当天工作，最好是在早上。将这个新习惯与你每天早上的其他习惯结合起来，比如喝咖啡或坐车去上班。每天早上制订计划应该只需要五分钟左右，而每天在同一时间来做这件事会比较有帮助。对我来说，我会在早上7:30一边喝咖啡一边制订计划。我在手机上设置了一个"舒缓"的闹钟提醒自己，以防被新闻或孩子的电话分心。

提示3：必要时调整计划

你已经养成了每天做计划的习惯，将基于个人优势的目标转化为可执行的任务，并找到了每天处理优先事项的方法。但是，不要让大脑处于自动驾驶式的惯性状态。偶尔花点儿时间复盘一下，你的每日计划是否在帮助你朝着目标前进，并让大脑保持在"活力迸发型"模式。

- 我的日子是平静有序的，还是充满压力且杂乱无章的？
- 我是完成了每天的所有工作计划，还是选择性地回避了一些？

- 过了一段时间后，我是否有成就感？
- 我的优先任务是否得到了优先处理？
- 我是否在追求长期目标的轨道上前进？
- 今天特别高效，为什么？
- 今天我没完成什么有意义的事，为什么？
- 我是否发挥了自己的优势？

最后一个问题是最重要的。当你每天抽出几个小时，将自己的优势运用到项目中，而不是机械高效地完成任务清单时，你就能从工作中真正感受到更多快乐，也更愿意投入工作。

提示 4：将工作目标可视化

你可能听过这样一句话："你关注什么，什么就会成长。"如果你关注问题，大脑就会发现更多问题。如果你关注目标，就能达到这些目标。所以，除了将目标融入每日计划，另一种达到目标的方法，就是想象自己取得成功的画面。可视化是一门技巧，是在脑海中想象自己按照期望的方式完成项目或任务，就像进行一次心理预演。其基本理念是，当你持续在脑海中预演会议、演讲或任务时，实际执行时的表现就会得到提升。如果进行心理可视化有困难，那么可以尝试使用口头肯定进行代替。

提示 5：要么全力以赴，要么果断放弃

　　你是否设定了一些目标，但多年来一直没有开始行动去追求它们？我们中有些人，年复一年地怀揣着梦想或目标，却因只思考不行动而备受困扰。每次我们想到这些目标，写下来却不付诸行动时，大脑就会将其视为未完成或失败，这些"记忆卡片"就会存储在我们的记忆中。现在，是时候下决心了：要么去做，要么放弃。如果你选择写下目标，那就请全力以赴。我们应每天都采取行动去达成它。否则，就让我们设定新的目标或梦想吧。

　　你做得很棒！我们已经完成了目标设定的热身练习和提示部分，相信你现在已经准备好迎接新的一天了！不过请等等，如果你还记得第 2 章的内容，就会知道意料之外的内部障碍和外部障碍也是我们日常生活的一部分。请放心——我会给你六个策略，帮助你持续保持"活力迸发型"状态，防止这些障碍阻碍你达到目标，最终让你在职场中取得成功。

第6章

工作日保持活力的六大策略

"我该如何克服日常障碍？"

不管我们的计划多么周全，也不管我们如何努力预测未来可能发生的事情，每天总难免会遇到一些障碍。当你的大脑开始趋向"离线"，精力逐渐耗尽时，认识并接受障碍无所不在的这一事实，能让你避免过分自责。回想一下过去几周里，某个不太顺利、感觉什么重要事情也没做成的一天：

- 具体是哪里出了问题？

- 哪些目标没有达成？

- 哪些障碍让你无法进入"活力迸发型"状态？

我希望你读完本章后，能明白如何创造更多高效的工作日，减少被障碍拖累或绊倒的日子。

我的家人会说，"你的厨艺可不怎么样"（我连冰都不太会"制作"，还能把水烧干），但我可是打造"大脑在线"工作日的"食谱"和"配料"专家。我们已经知道，自你清晨醒来的那一刻起，大脑的能量就开始减少。你的任务是尽可能长时间维持大脑的能量，这样一天结束时，你能处于"活力迸发型"状态，甚至比开始时精力更充沛。想象一下这种感觉！

我将带你学习怎么样应对日常的障碍问题，教你如何在一整天都保持正轨不偏离，并获得更多快乐、精力更充沛、效率更高，甚至以工作为乐。把本章内容想象成你现在已经"在赛场"上，你必须保持警觉（在这里就是要"大脑在线"），绕过或冲破那些阻碍你达到当天目标的"障碍物"。

绕开每天不可避免的障碍，能让你保持"活力迸发型"状态，这也是你每天工作的终极目标。如下六个策略能帮助你达到这一目标。

1. 以成功的心态开启新的一天。

2. 树立积极意图。

3. 把攻克难题放在首位。

4. 安排休息时间。

5. 主动注入动力。

6. 自我审视。

以成功的心态开启新的一天

没有一支球队上场时会认为自己会输。但是，我们很容易因打乱每日计划而陷入消极心态，比如还没起床就查看工作邮件，或者一睁眼就让内心的声音立刻把我们带向恐惧或消极的情绪中。

高效能人士不会任由心态随机发展。他们会积极努力地克服错误的想法、调节不良情绪以及不合理（本能）的恐惧。这就是为什么对健康生活来说，训练大脑和进行有氧锻炼同等重要。

以成功心态开启新的一天，首先要避免在刚醒来时就去接触手机、日程表，或者任何会让你马上进入工作模式的事物。你的大脑需要一段时间才能以积极、充满活力的状态"上线"。

为确保一天活力满满，我们提供了如下准备方式。

- 别用手机闹钟叫醒自己的大脑。关闭手机闹钟的这个动作，需要你拿起手机。一旦手机放在手中，就很难再放下。你会开始查看邮件、社交媒体、短信，心理准备还没做好，就投入"工作竞赛"中了。不管你选的闹钟声音有多悦耳，都不如大自然的声音和景象轻柔。许多健康专家，包括我，都建议，模拟自然元素的闹钟，比如雨声、鸟鸣声，甚至模拟日出的闹钟，都是最好的选择。这样的目的是，不要让清晨的第一声就刺激你的脑力，劫持你的杏仁核。相反，应选择一种能轻柔唤醒你的设备。

- 控制新闻和社交媒体信息的摄入量。消化这类信息对大脑来说可能是有害的，尤其是作为清晨醒来的第一件事。新闻报道可能会引发大量负面情绪，严重干扰大脑。积极心理学研究者肖恩·埃科尔（Shawn Achor）和米歇尔·吉兰（Michelle Gielan）指出，[18] 早上看 3 分钟负面新闻的人，在当天晚些时候表示自己不开心的可能性会高出 27%。埃科尔还提到，看负面新闻会降低工作效率。我们早上的目标是为美好的一天做好准备，不要让大脑受到负面新闻的影响来开启新的一天。以乐观的心态开始新的一天，能让大脑看到各种可能性，而不是只关注问题。

- 调整好自己的状态。没有新闻、邮件和短信的日常清晨是什么样的呢？健康的日常清晨能让你感到平静、心怀感恩，并且心态平和。选择一些你喜欢的、能恢复精力的活动，比如阅读励志文章、写日记、进行感恩练习，或者做一些轻柔的瑜伽或伸展运动。清晨的第一件事，与内心深处更有意义的部分建立连接，能帮助你一整天都保持专注。

- 有意识地开启工作日。不要稀里糊涂地进入工作状态。要决定大脑正式"进入工作状态"和专注工作的具体时间。是从通勤路上给客户或团队成员打电话时开始吗？要准备好成功的一天，取决于你如何开启这一天，以及你首先做什么事情。这会为接下来的一整天定下基调，所以要养成习惯，有意识地告诉自己必须"大脑在线"了，这一点很重要。在开启一天的工作时，我们应进行自我检查，并确保自己正在有意识地关注大脑被激活的状态。有一个很好的提示和习惯，就是在打开电脑或工作设备开启新的一天时，对自己说"开机！大脑在线"，这样的口头禅能帮助你有意识地启动思考大脑。

树立积极意图

你的大脑可能此刻正在询问："目标和意图有什么区别？"问得好。意图是你希望在全天培养塑造的心态，是你度过一天的过程中想要保持的感觉。目标则是你想要得到的特定结论或结果。

你的意图可以是"我内心感到安稳""我心情很愉悦"，或者"我充满勇气"，诸如此类。校准意图只需要几秒钟。这就好比启动 GPS 系统——你希望在心态上迈出正确的第一步，顺利抵达目的地。我的意图通常围绕三个主题：善良待人、乐于奉献、享受乐趣！我认识的一位领导者告诉我，他一走进办公室就容易偏离正轨。他的意图是保持专注、保持联系。

每次会议前，或开始某项工作前，我们应该树立明确的意图，这一点非常有帮助。特别是在召开非常重要的会议或拨通重要电话前，问问自己，"我希望在本次会议上展现出什么样的状态"或者"在这场艰难的对话中，我希望有怎样的感受"。在树立意图时，要仔细审视自己的动机——成为推动世界上美好事物的力量，难道不会让你更有成就感吗？

把攻克难题放在首位

我们曾在第 5 章简要提到过这一点，在计划一天的工作时，要优先追求当天你最希望取得进展的重要目标。对我们大多数人来说，早上的精力往往最为充沛。但如果你感到自己在中午或傍晚时精力最充沛、头脑最清醒，那就按照自己的节奏来。关键在于，有科学证明，我们每天大约只有三到四个小时的高效"脑力"和资源，就是这么多。你需要有策略地保护和用好这段时间和精力，在更复杂、更具创造性、优先级更高的战略性项目上取得进展，包括你当天的目标。这不仅能帮助你完成重要事项，还能让你全天都拥有"完成任务的喜悦感"。反过来，这种感觉会影响你的情绪，帮助你维持精力，让你一整天都更高效、更坚韧——这是一个良性循环。

首先确定你真正的"黄金工作时间"。我有一位客户，为一家大型对冲基金公司管理国际市场业务。平时大多数情形下，他都是凌晨 3：30 起床，与国外客户沟通。对他来说，这段早起的时间不算是"早上"。他早上 6：30 到办公室——这才是他的"早上"。他走进会议室，关上门，做一些简单的伸展运动，冥想 5 分钟，然后拿出笔记本，写下当天的一个"必胜任务"。接着，他走到办公桌前，马上开始处理这个"必胜任务"。通常在三四十分钟内，他就会被打断，但那时他已经取得了一些进展，也知道该如何应对后续事务。他的日常习惯帮助他理清思路、明确意图，这样即便在忙碌混乱的一天中，他也能专注于重要的事情。

我还有一位客户，她是一名慈善家，同时在三家上市公司的董事会和四家非营利组织的董事会里任职。她每天早上 7:00 起床，煮一杯浓缩咖啡，坐在门廊写 20 分钟日记，然后在家附近的树林里散步一段时间。回来后，她会集中精力处理那些对其所在机构或个人生活具有长期战略性意义的项目。等电话开始响起、邮件开始涌入时，她的工作已经取得了一些进展。

每个人的早晨和生活习惯都不尽相同，所以你需要根据自己的情况来调整日常安排。确定最适合自己专注于目标的时间，然后决定怎样利用好这段时间，主动给自己一个平静充实的开始，争取在重要事情上取得进展。

安排休息时间

把你每天的工作过程想象成一次次的"短跑冲刺"——完成一项任务，恢复精力，然后过渡到下一项任务。这些"短跑冲刺"每天都会发生好多次，具体次数取决于你的工作量或职责。恢复精力的时间就是你的休息时间，一天中多休息几次，并不代表你在偷懒或懈怠。

对于人们为什么在工作中应定期休息，是存在明确的科学依据的。休息能让我们远离无聊，避免注意力不集中。当你沉浸在一项任务或项目中时，思路如泉涌，你会感觉非常棒。但这种状态不会永远持续下去——一旦走出高效工作的状态，你可能就会注意力不集中、走神，甚至变得烦躁。正如我在本书前面提到的，人类大脑天生就不适合长时间保持高度专注。我们只需要短暂休息，就能重新回到正轨。

同时，休息还有助于我们更好地记忆信息。我们的大脑有两种模式："专注模式"，用于学习新知识、写作、工作等活动；"发散模式"，这是一种更放松、爱做白日梦的模式，此时我们思考没那么费力。你可能认为专注模式能带来更高的效率，但其实在发散模式下，我们能吸收的信息更多、更深入。休息的好处在于，它能让我们退后一步，确保自己在用正确的方式做正确的事情。当你持续做一项任务，就很容易失去焦点，陷入细节中。适当休息，是个好习惯（不必为此感到内疚），因为它在鼓励我们时刻牢记自己的目标。

　　大脑自检：美国知名记者、精力项目机构创始人托尼·施瓦茨（Tony Schwartz）强调，并非所有的休息都有同样的效果。也就是说，只有在休息时间里做自己喜欢、能让自己恢复精力的事情，这样的休息才有用（意味着它能恢复和激发活力）。不停地刷手机不算休息，因为它无法让人恢复精力。为使休息时间效用最大化，重要的在于要避免陷入惯性模式。我们是习惯的产物，空闲时间里，常常会拿起手机，吃不健康的零食，或者浏览一些不用动脑的网站。施瓦茨在《不加班，搞定所有工作》（*The Way We're Working Isn't Working*）[19]一书中建议，制作一份"休息备忘录"。这是一种心理健康的调适练习，主要针对一分钟、五分钟甚至十分钟的休息时间，列出你喜欢做

的、能改善心情的、让自己重新充满活力的活动。比
如，我的"休息备忘录"包括以下内容。

一分钟休息活动

- 深呼吸三次。
- 站起来伸展身体。
- 看看窗外的自然景色。
- 读一则有趣的笑话。
- 喝几口水或喜欢的茶。
- 想象你心中的快乐之地或美丽的自然场景。

五分钟休息活动

- 出去散一小会儿步。
- 听音乐。
- 播放你喜欢的冥想引导音频。
- 给水瓶接满水。
- 与宠物或孩子互动（如果他们在身边的话）。

十分钟休息活动

- 到户外接触大自然。

- 做十分钟的锻炼。

- 读几页你最喜欢的小说。

- 给朋友打电话问候。

- 看几个鼓舞人心或有趣的视频（激发积极的
  内啡肽）。

提前准备好这些活动，你就能更有策略地确保享
有成功的且能恢复精力的休息，还能轻松养成休息的
习惯。

主动注入动力

如果感到精力不足，你可以主动安排一些自我激励的活
动。比如，把注意力转向自己喜欢的活动，或者更好的选择是
做一件能让你产生成就感或目标感的事情。这和完全脱离工作
状态的休息不一样。在这种情况下，你关注的活动类型可能相

似，但目的是激励自己，让自己充满活力。你已经计划好了一天的安排，但也可以随时重新调整，或者插入一项与目标相关的活动。例如：找一位你乐于合作的同事，花点儿时间一起头脑风暴；给伴侣打个电话，或者深呼吸几次，重新调整心态；听听让你充满活力的音乐。研究表明，听音乐，特别是为电子游戏创作的音乐，能提高工作效率，激发动力活力。有时候，回归计划本身也能带来动力。回顾自己已经取得的成果，也能推动你继续完成剩下的任务。生活里充满干扰，努力保持专注本身就是一种收获。

自我审视

这是清单上的最后一个策略，可能也是最重要的一个，而且可以在一天中随时进行。我们的许多想法和行为都受到外部和内部因素的影响。天气可能会让我们一时心情愉悦，相反，和同事进行了一场艰难的对话，可能会让我们下一秒就感到沮丧，精力也被耗尽。我们的情绪会迅速变化，而且几乎都是下意识的，很难控制。当你退后一步，留意自己一整天的情绪和感受，这有助于重新调整你的精力水平。你能更清楚地看到自己产生某种想法和感受的原因，这种自我觉察能帮助你应对情绪的上下起伏。

自我觉察是关键，也是情绪调节的第一步。如果你不进行自我审视，就不知道自己是处于"大脑离线"状态，还是"大脑在线"状态。不知不觉中，一天就结束了，你疲惫不堪，压力巨大。随着每日计划逐渐成形，养成自我审视的习惯非常重要。我们之所以强调这一点，就是为了让你真正去执行。在日常安排里，找出三四个固定的时间进行自我审视。有一些自然而然的"暂停点"，包括进办公室、去洗手间、回复短信、午饭时间、打开电脑（此时我的大脑在线吗）。这些提示能帮助你养成自我审视的习惯，使之成为下意识的行为。

情绪自检是维持心理健康最重要的事情之一。它能让你立即察觉到自己可能感受到的压力、焦虑以及正在经历的干扰。我们总是急于着手下一件事，或者想完全避开负面情绪，结果就跳过了处理当下感受这一步。情绪自检能让你慢下来，准确了解自己的感受。审视当下的情绪，能让你未来抱有更良好的感觉。

把这些自我审视想象成在激烈的有氧运动中检查心率，看看自己的"运动节奏"是否良好、健康，有没有超出目标范围（运动过度或不足）。这里的道理是一样的——相信我——如果你连自己此刻的感受都说不清楚，一小时后也很难有更好的感觉。以下是进行情绪自检的五种简单方法。

- 关注身体反应：身体会在情绪完全显现之前，发出与你的感受相关的信号。你的肩膀是不是耸到了耳朵边，感觉很紧张？心跳是不是超快？这些身体感觉正在提醒你，你的情绪需要重新调整。

- 深呼吸：放慢呼吸，是有助于维护心理健康的动作之一。用鼻子吸气，用嘴巴呼气。当你让思绪平静下来，就能更专注于自己的情绪状态。

- 问自己一个简单的问题："我此刻感觉怎么样？"这是一种很棒的正念练习，能让你准确关注自己的情绪状态。

- 使用生动具体的语言描述：对自己的感受描述得越详细、越具体，就越有帮助。告诉自己"我感觉很糟"没什么用，这太模糊了。尝试用更深入和具体的词语来描述感受，比如感到受了伤、被拒绝、不堪重负、充满担忧、被批评了、感到疲惫等。描述得越具体，你就越清楚需要做哪些事情来安抚自己。

- 反思情绪产生的原因：作为人类，我们常常很难知道自己为什么会有某种感受，因为我们的生活和情绪并不简单。如果你能反思可能导致这种感受的原因，就能获得管理情绪、改变态度所需的洞察力。

搭建"活力迸发型"模式的几块积木

恭喜你！你马上就要完成"大脑在线"个人行动指南的学习了！你正朝着成为"活力迸发型"专家的目标大步迈进！

在设定基于个人优势的目标（第一块积木）时，你可能费了不少脑筋。幸运的是，你已经在采用日常策略致力于达到目标（第二块积木）了，包括为每天的工作树立积极的意图，通过内在奖励保持动力等。

大脑自检：对于你所确定的基于个人优势的目标，以及为保持工作日良好状态所做出的改变，都请记录下来。这样做，并不是为尚未掌握的东西而沮丧，而是希望你暂停一下，为自己做得更好的地方点赞。

现在，还剩下两个要素（两块积木）需要掌握——当大脑"离线"时，进行灵活调整；进行充分的自我安抚来提升大脑能量。

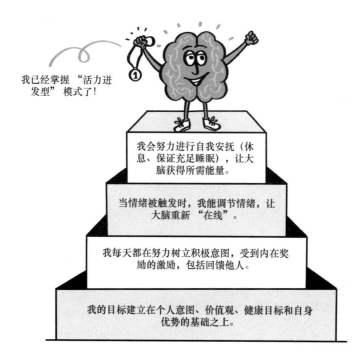

第 7 章

"大脑在线" 心理健康练习

"大脑离线时，我该如何恢复？"

当被问及生活中重要的人际关系时，人们会提到伴侣、孩子、父母、兄弟姐妹、朋友，还有老板或同事。没人会把自己与大脑的关系排在首位。但实际上，这才是你最重要的关系。能否调节大脑反应，引导它进入健康状态，会影响到其他关系的状态是积极美满，还是消极受挫。

这就是我认为"大脑在线"的方法具有革命性的原因，因为它要求你时刻留意大脑的运作状态，每天、每时、每刻都要保持能够自我觉察。人们以往的工作方式是，在压力和挫折中咬牙坚持，下班后瘫倒在沙发上，或者去酒吧借酒消愁。而"大脑在线"的新方式是，在一天中不断审视自己、调节情绪，或让大脑适当休息，以此维持精神状态和良好心情，特别是在忙碌的一天开始前、重要会议前，或者开始一项需要高度专注和高效的工作之前，更需要保持"大脑在线"。

工作时，思考大脑的主要功能是让你在执行任务、制定决策和人际交往中保持最佳表现。你已经知晓，思考大脑和情绪大脑无法同时处于活跃状态。当情绪大脑进入自动驾驶模式，压制住思考大脑时，你在工作中就很难有出色表现，甚至根本无法好好工作。在全天过程中开展心理健康练习，保持思维敏捷，这样一天结束时，你可以说："我既完成了目标任务，也照顾好了自己。我已做好迎接明天的准备！"

你的健身计划可能包括举重、有氧运动和柔韧性训练等基础项目，这些训练项目可以应用在高尔夫、网球、徒步旅行或骑行等活动中。为了保持心理健康，你可能对引导式冥想、正念减压等基础大脑训练并不陌生。我发现，心理健康练习最有用的地方在于，我可以在工作日里通过它们来锻炼自己的大脑"肌肉"。这些练习能让我在工作时间保持"大脑在线"，及时应对感觉大脑快要"离线"的时刻，并发挥最佳状态。借助这些练习，我能在几分钟内迅速恢复"在线"状态。

我最喜欢的名言之一，也是我人生的指引，来自被誉为

"正念之母"的埃伦·兰格（Ellen Langer）。她是一位社会心理学家，也是哈佛大学心理学系首位获得终身教职的女教授。兰格撰写了超过 11 本书，其中包括畅销书《专念学习力》（*The Power of Mindful Learning*）[20]。

兰格简洁而精彩地总结了我们人生真正的"任务"，即时刻管理情绪，创造充满活力、"大脑在线"的一天：

"人生由一个个瞬间组成，仅此而已。所以，如果你让每个瞬间都有意义，那么整个人生就都有了意义。"

这就是本章的核心内容——简单实用的心理健康练习，当你感觉大脑"离线"时，就运用它们。这些练习是我多年来与个人和大大小小的企业合作，听取了他们的积极反馈和成功故事后，筛选总结出来的最有帮助的、最有效的方法。虽然冥想、呼吸练习等一些正念理念并不新鲜，但我结合工作场景进行了优化调整，让这些练习耗时更短，效果却能达到最佳。

准备，设定，启动！

正如你在第 6 章学到的，想要在工作中实现全天"大脑在线"，首先要像启动电脑一样，有意识地告诉大脑"启动"。

提醒大脑，它一整天的任务是保持思考模式，避免被情绪所左右。我认为最有效的心理健康练习之一，是由意识领导力集团的创始合伙人、《正念领导力》（*The 15 Commitments of Conscious Leadership*）[21]一书的合著者吉姆·德思默（Jim Deth-mer）提出的"线上/线下"概念。这个概念通过一系列"线上/线下"问题，帮助你定位当下的情绪状态。这是一个简单的日常自我审视，能判断你是"大脑在线"（线上）还是"大脑离线"（线下）。

线上：我是想证明自己正确，还是更热衷于学习？

　　　我心态开放，情绪稳定，身体状态良好。

　　　我充满好奇，敢于质疑自己的信念。

　　　我倾听他人，力求理解。

我内心充满信任感。

线下：我是否在为证明自己正确而辩解？

我感觉受到了威胁。

我没有倾听，满心怨恨。

我对不同想法和情感持封闭态度。

我在指责他人。

当你开始不堪重负，大脑逐渐"离线"（处于"线下"状态）时，可以重复如下这些简单的话语来让自己冷静，让大脑恢复"在线"。不管是在走廊里散步、加热午餐、等待进入线上会议，还是休息时间在街区周围散步，你都可以对自己说：

一次只专注一个瞬间。

一次只做一项任务。

一天天地过。

一切都会过去。

一切都好。

我能行。

我们要避开的"三大障碍"

即使你处于"大脑在线"的"活力迸发型"模式，也仍可能因为那些讨厌的障碍而不知不觉地"离线"。早在第 2 章，我们就已经了解了内部障碍和外部障碍，也知道它们有时会让你的一天像在进行一场没有停歇的障碍赛。要留意这些障碍，它们对保持职场心理健康至关重要。我认为，日常生活中常常绊倒我们的障碍有三种。

障碍一：情绪失控

你肯定有过那种感觉，肌肉紧绷，开始变得烦躁，把错过截止日期或犯错都归咎于他人，还会冲动决策、言辞激烈——简而言之，你此时已经处于严重的"掉线"状态了。如果你的内心开始涌起悲伤，感到压力很大、心情沮丧、内心愤怒，甚至出现暴怒，这就是情绪控制了大脑，此时的你既没有工作效率，状态还很不健康。你可能会说出或做出一些伤害他人的事，不管是短期还是长期都可能对自己的处境带来不利影响。

障碍二：缺乏动力

你感到疲惫不堪，想得过且过，或放弃某个项目。整个人无精打采、困顿疲倦或百无聊赖，你可能会拖延或回避那些本应完成的项目，或者只回复那些最紧急的邮件。你开始对周围发生的事情漠不关心，内心变得麻木，甚至能感觉到自己的心率开始变慢。未回复的邮件堆积如山，项目进度越来越滞后，一切事情都显得毫无希望、毫无价值。最糟糕的时候，缺乏动力会让你早上都不想起床。请注意，如果这种感觉持续几周或更久，建议你联系员工援助计划或专业心理咨询师。

障碍三：人际交往难题

为什么有时候，工作中听到别人一句简单的提问或评论，你就感觉受到了威胁，或是被激起了防备心呢？我很幸运，碰到了一位非常出色的经理。但在最近一次沟通会议上，经理提示我下周有很多工作要做。这些项目我们之前有过讨论，可听到这个提醒，我还是感到沮丧和不堪重负。我不得不审视自己，意识到我把她的提醒当成了对自己的微观管理，而我一直很反感被微观管理。那天，她并无恶意的话却触发了我的情绪，因为这种反应并不寻常，所以晚上我进行了反思。结果发现，和经理开会前几个小时，我刚和一位很难缠的客户通了电话，之后没有花时间审视自己的情绪，也没有调节情绪及让大脑保持"在线"状态。和经理开会时，我还处在情绪失控中，便把这种情绪带到了下一场会议中。这就好比开着挡风玻璃很脏的车，根本没法清晰地思考和理解事情。这就是为什么说要经常性地自我审视，确保大脑"在线"，这一点至关重要。

请注意，前两个障碍是对内部情绪的负面反应，而第三个则是对外部刺激的负面反应。回顾第 2 章日常工作生活中的各种障碍，就是我们所说的内部和外部障碍。要跨越这些障碍，就要通过调节和稳定情绪反应，保持大脑"在线"。我们全天的任务是先处理好内部障碍，因为它们会影响我们应对外部障碍的方式。你内心的状态会影响你对周围工作环境的感知和反应，进而影响你做出选择、采取行动，也会影响你每天所取得的成果。回到我和经理的情况，讨论项目清单时我的大脑"离线"了，想象一下，如果在绩效评估，或是讨论问题、错误时，我的大脑也"离线"了会怎样？我肯定无法积极地接受那些信息，很可能陷入"我讨厌这份工作，感觉自己不被认可"的情绪中，我们的关系也会迅速恶化。

跨越障碍的心理健康练习

做好锻炼心理韧性、跨越日常障碍的准备了吗？下面有一些简单练习，每天只需花几分钟就能完成。很多练习在办公桌前，甚至在会议中都能进行。

应对情绪失控的练习

当愤怒、悲伤、恐惧等负面情绪涌现时，花点儿时间通过以下练习进行情绪自检。

练习一：我现在是什么感觉？

明确自己的情绪状态，也就是"命名情绪，驯服情绪"。著名作家兼精神病学家丹尼尔·西格尔博士创造了这个说法，它是调节情绪的简单方法。我们通常把情绪分为愤怒、轻蔑、厌恶、恐惧、快乐、悲伤和惊讶这六大类。当你用具体的词描述情绪时，能让自己与这些情绪保持距离，更客观地看待它们。我是悲伤，还是失望？我感受到的是愤怒，还是沮丧？我是疲惫，还是仅仅觉得无聊？准确识别自己的情绪，能让大脑更有效、更高效地处理它们。

练习二：我在想什么？

《唤醒你心灵的秘密代码》（*Awakening to the Secret Code of Your Mind*）[22]一书的作者达伦·韦斯曼（Darren Weissman）博士建议，问问自己：我会主动选择去感受（代入你此刻正在经历的负面情绪）吗？答案很可能是否定的！他把这种不舒服的感觉称为"包装奇怪的礼物"，它能帮你意识到自己的情绪失控了，思考大脑已经"离线"。

练习三：我此刻在给自己讲什么故事？

你是否在脑海中不断重复那些因过去受到冷落或被拒绝而产生的不愉快的故事？当事情不明确、不确定时，大脑就喜欢填补空白，让情况显得完整。经理或同事皱着眉头看你，你可能马上就觉得他们在生你的气，或是你做错了什么。收到客户简短的邮件，上面写着"方便时给我打电话"，你就会认为有问题。在你忙得不可开交时收到会议邀请，你立刻觉得这是浪费时间，然后变得沮丧和烦躁。这个练习就是要你审视这些想法，用更积极的想法取而代之。畅销书作家拜伦·凯蒂（Byron Katie）创立了"一念之转"（The Work）方法，即通过提问来解决问题。她建议你问问自己：这是真实情况吗？你能百分之百确定它是真的吗？你有什么反应？当你相信自己告诉自己的这些想法或故事时，会发生什么情况？如果没有这些想法，你又会是什么状态？

应对缺乏动力的练习

呼吸练习和冥想对情绪调节和身体健康有诸多益处。当你在工作中需要恢复精力、让大脑"在线"时，可以进行下面这些心理健康练习。事实证明，呼吸练习能让你更专注于任务，提升创造力和解决问题的能力。专注于呼吸，能激活副交感神经系统，"开启"思考大脑，抑制情绪大脑持续主导你的反应。短暂的冥想练习能让你在工作中重新集中注意力。

练习一：平静地吸气。

用鼻子吸气和呼气，同时对自己说："平静吸气，安宁呼气。"你在训练大脑关注这些话语的同时，也在通过这些词语营造出平静的感觉。这能让你的注意力从引发情绪波动的事情上转移开，避免你在脑海中反复回想，陷入恶性循环。每次我发现自己情绪激动、大脑"离线"时，都会重复这个练习

10~15 次。有时我会用"喜悦"代替"安宁",只要能让你感到放松、心情稍好就行。熟练掌握这个练习后,可以尝试进阶版,即在重复这些话语时,让呼气时间比吸气时间长几秒。这是一种简单有效的方法,能让神经系统平静下来,让思考大脑恢复"在线"。

练习二:三次深呼吸。

第一次呼吸时,试着放下脑海中纷飞的思绪;第二次呼吸时,放松身体,释放紧张感;第三次呼吸时,想想让你微笑的人或事物(比如你的宠物),并默默祝福他们。

练习三:方形呼吸法。

人们都喜欢这个练习,因为它操作简单却效果惊人。它能提高人的表现和专注力,还能减轻压力。从运动员到警察,很多人都在使用这个四步、四拍的练习。

1. 用鼻子吸气,数四下。

2. 屏住呼吸,数四下。

3. 用鼻子呼气,数四下。

4. 屏住呼气后的状态,数四下。

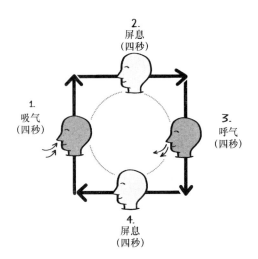

练习四：身体扫描。

坐在办公桌前、公园长椅上，或是候机时，你都可以做这个练习。在你累得头都要趴到桌上之前，一次静坐冥想就能帮你恢复精力。贾妮思·马图拉诺（Janice Marturano）所著的《正念领导力》（*Finding the Space to Lead*）[23]一书中介绍了引导步骤如下。

首先，将注意力集中在呼吸的感觉上。

准备好后，把注意力转移到脚底，留意脚底的任何感觉。

也许你能感觉到腿部的重量压在脚底产生的压力，也许脚底感觉温暖或凉爽。

你只需留意心神，无须评判，也不要天马行空地思考。如果注意力被分散或走神，坚定而温和地将其拉回来。

接着，将注意力转移到脚背、脚踝、小腿、膝盖等部位。

逐渐扫描全身，留意身体的各种感觉，包括不适，以及身体上没有明显感觉的部位。无须刻意寻找感觉，只需慢慢扫描全身，保持开放的心态，接纳当下的一切。

应对人际交往难题的练习

我刚刚介绍的练习旨在帮助你调节情绪，处理好内心情绪问题。工作过程中处处需要与他人互动，可能是客户、同事、经理，或是职场中的其他人。回顾一下最近碰到的让你感到思维混乱的外部障碍。是不是忙得不可开交时，收到提要求的邮件，你就会陷入沮丧的情绪中？听到别人拿到了你想要的项目或获得晋升，你是否会感到被排挤，进而陷入自我否定？因为没被邀请参加重要会议而影响工作，是不是感到很郁闷？有时候，同事心情不好，对你说话语气不善，即便事情和你无关，但那些负面情绪仍会传染给你，影响你一天的心情。

练习一：暂停。

当你意识到自己此时处于"离线"状态时，第一步就是停下来，主动暂停。我常常用哲学家维克多·弗兰克尔（Viktor Frankl）的话来提醒自己："在刺激和反应之间，有一段空间。在这段空间里，我们拥有力量和自由。"我曾经听过《情商》（*Emotional Intelligence*）一书的作者丹尼尔·戈尔曼（Daniel Goleman）在培训中分享成熟的定义，就是做出反应前停顿的时长。我认为，情绪成熟是一场终身旅程，也是最有收获的旅程。

练习二：RAIN 法。

当发现自己对经理、团队成员或客户的反应产生负面情绪时，我最常用的有效方法之一，就是塔拉·布莱克提出的RAIN 练习。她是著名的冥想导师、心理学家，著有《全然的慈悲》[24]等多本书籍。RAIN 是以下几个单词的缩写。

识别（recognize）：尽可能准确地说出你正在经历的情绪，正如本章前面所提到的步骤。

接纳（allow）：允许并接受当下的体验，如实接纳现状——这是很多人都会忽略的重要一步。接受现状非常重要，否则你就会一直被自己的反应所困扰。"你所抗拒的，会持续存在"，这句话在这里很适用。如果你想摆脱负面反应带来的情绪困扰，那就接纳现状。

探究（investigate）：弄清楚这种情况带来的痛苦源自何处。像私家侦探一样，找出那些负面情绪、想法或感受的来源。

滋养（nurture）：用宽容的心态对待自己和他人。为此，我可能会做一个快速呼吸练习、写日记，或走出去散散步。

说实话，因为工作中的情绪障碍不少，我每天都会进行 RAIN 练习。当我把情绪说出口时，就会察觉到它们的存在。

"我太沮丧了。"

"哦，我对那个决定很失望。"

"这封邮件让我太生气了。"

或者，当我感到脖子一阵刺痛、肩膀紧绷、因压力胃疼或头疼时，我会更加留意自己的情绪。我训练自己的大脑要留意这些信号，它们表明自己的情绪已经失控，思考大脑已经"离线"。对我来说，RAIN 练习中最难的部分是接纳。我是那种喜欢压抑情绪、强装笑脸的人。多年后我才明白，这样做对我的健康和工作效率都有很大影响。执行思维领导力研究所的创始所长杰里米·亨特说的一番话，让我真正意识到这个概念的重要性。他说："接纳是减轻痛苦、烦恼、愤怒和反复思考的关键。"当我觉得自己的表现被置于审视之下时，我会深呼吸，允许沮丧的情绪存在，而不是忽视它们。我接纳现状，尤其是出现错误时。在脑海中反复回想错误毫无意义，只会延长痛苦。

探究是 RAIN 练习中我最喜欢的环节。我喜欢带着好奇和慈悲，像私家侦探一样，去探索究竟发生了什么事，以及我会出现这种感觉的原因。这样做的时候，我就能发现自己在和同事的一些平常交流中，思维有多么不理性。或者意识到我给自己编造了某些情形的故事，并对此深信不疑。这就能解释，为什么一小时后我会牙关紧咬、握紧拳头，或有时候会感到头疼、感到疲惫。对我与自己的大脑和身体，以及与经理、团队和客户建立更健康的关系来说，这种自我洞察非常宝贵，可谓双赢。

"滋养"这一步需要自我关怀，很多人都觉得很难做到，我也不例外。我有时对自己很苛刻！当陷入负面的自我对话时，我会问自己：我会对自己的孩子、朋友或爱人说这些话吗？如果他们犯了和我一样的错，我会这样对待他们吗？当然不会！我会说："没关系。"然后给予他们关怀和安慰。对自己和他人怀有同情心，是人与人之间的情感纽带。我常对自己说一些充满关怀的话语，来建立与他人的情感连接，比如

"我希望快乐，对方也希望快乐""我希望健康，对方也希望健康""我有时会哭泣，对方也会有哭泣的时候""我有时会痛苦，对方也会""我在尽力，对方也是"。

最后一个练习：感恩你的大脑

每天都可以做的最后一项大脑练习，也是能让你在第二天充满活力的练习，就是感恩大脑当天的表现。没有比心怀感恩更好的方式来结束一天的工作了，甚至还能让你睡个好觉。

如果这一天没有如你所愿，想想汤姆·拉思在《人生最重要的问题》一书中说的："当你在工作中挣扎，或者度过糟糕的一天时，试着回顾最近的一天（或一周），看看在哪些任务上可以调整时间和精力投入。想想如何用好每一个小时，给你所服务的人带来更多益处。我们必须将日常行动与目标更好地联系起来。"

在积极心理学研究中，感恩与更高的幸福感紧密相关。感恩能帮助人们感受到更多的积极情绪，享受美好经历，改善健康状况，有效应对困境和建立牢固的人际关系，而且感恩并不复杂。被誉为"积极心理学之父"的心理学家马丁·塞利格曼（Martin Seligman）开发了这个简短却很有意义的练习：

1. 每晚就寝前，回想今天发生的三件好事。

2. 把它们写下来。

3. 思考它们发生的原因（以及带给你的感受）。[25]

在一段时间里，我坚持这个练习，并养成了习惯。这一切都是值得的。它让我的生活变得更好，而且我还能回顾那些美好的瞬间。这个感恩练习能激发人的积极情绪，让人感觉"大脑在线"。《身心的赞同》一书的作者斯科特·舒特说，感恩是一种超能力。[26]我非常赞同。

第8章

脑力提升计划

"我大脑在线，但还是没精神。"

某个工作日清晨，你梳理了日程安排，准备全身心投入一个新项目，还关掉了邮件和短信提醒，排除了所有干扰。你感觉平静又理智，情绪也没有失控。处于大脑在线状态吗？没错。可你还是难以打起精神开始工作。不知为何，你感到无精打采，尽管新的一天才刚刚开始，你却只想埋头打个盹儿。又或者，即便你已经喝了第三杯咖啡，但还是无法摆脱午后的困意。这是怎么回事呢？

请记住，工作中想要拥有充满活力的一天，需要两步。第一步是确认你的大脑在线，确保思考大脑能调节你的情绪，让你思路清晰。这些内容我们在第 7 章已经讨论过，尤其是工作中要时刻评估自己是否处于"线上"状态（心态开放、充满好奇、善于倾听、彼此信任）。第二步是进入"活力迸发型"模式，让大脑时刻保持充足电量。你的目标是一整天都维持大脑的能量，这样一天结束时，你还能像清晨一样精力充沛。

我坚信，而且也见证过，人们可以通过提升大脑的能量水平来改善职场心理健康。如果每天都让大脑疲惫不堪，你的情绪就会陷入恶性循环，可能不仅会毁掉整个夜晚，甚至一连几天都状态不佳。而如果下班时，精力和早上一样充沛，甚至更有活力，就会形成一个良性循环，让你在生活的各个方面都充满活力，和朋友、家人相处时也是如此。

和身体一样，大脑也有它每日必需的"养分"，来保持心理强健和活力满满。我们已经了解了大脑所需的认知要素，比如设定基于自身优势的目标，让大脑保持专注。呼吸、冥想、RAIN 练习等心理健康练习，能增强自我意识，让思考大脑持续在线。大脑每日所需的最后事项是进行大脑充电——这是一种能量管理技巧，为你的脑力充电，给你全天的活动提供能量。

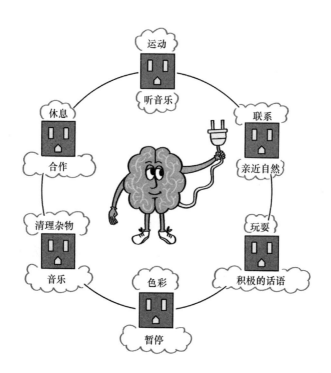

充电法 1：为成功而休息

靠每天睡 4 个小时来充当"超级英雄"的时代已经过去了。连续 10 小时坐在电脑屏幕前，不给眼睛和大脑任何放松时间的日子也该结束了。大脑需要休息和恢复的时间。高血压、糖尿病、肥胖症、焦虑症、抑郁症以及免疫力下降都与睡眠不足有关系。缺乏休息会让你烦躁、分心、健忘，容易情绪失控，大脑也会"离线"。充足的夜间睡眠对大脑功能和情绪调节都至关重要。哪怕小睡 20 分钟，也能让大脑恢复一些能量。

充电法 2：经常活动身体

活动肢体有助于改善人们的情绪、提升精力和工作效率。久坐超过 30 分钟，会改变人的身体机能。事实证明，每隔 30 分钟左右起身活动一下，有助于提升我们的思考能力、创造力和认知能力。如果你做不到每隔 30 分钟起身，那就试着每小时站起来、走一走或伸展 5 分钟。再不济，你可以试试使用可调节高度的办公桌，或者利用打电话的时间，确保每小时至少站 15 分钟。

充电法 3：与他人建立联系

神经领导学协会首席执行官戴维·罗克博士和"命名情绪以驯服情绪"概念的提出者、第七感研究所执行董事兼加

州大学洛杉矶分校医学院临床教授丹尼尔·西格尔博士共同创
建了"健康心智餐盘"项目,将"与他人建立联系"作为健
康心智的一种心理养分。[27]罗克博士和西格尔博士解释说,当
你与他人建立联系时,能充分激活并改善大脑的神经回路。每
天花点儿时间,与他人进行简短但有意义的交流。找一位你喜
欢合作的同事,和他聊上几句;或者给伴侣、朋友打个电话,
花几分钟聊聊天。

充电法 4: 多玩耍

将玩耍元素融入工作日可不是一场智力游戏。即兴创作和
创造力可以在大脑中建立新的连接,还能对抗疲劳、压力和倦
怠。将玩耍融入工作日常,最简单的方法就是开怀大笑。大笑
能促使大脑释放内啡肽和多巴胺,刺激血液循环,帮助肌肉放
松。《纽约时报》(*New York Times*)畅销书获奖作者丹尼尔·
平克(Daniel Pink)在《全新思维》(*A Whole New Mind*)一
书中写道:"是时候把幽默从单纯的娱乐范畴中解放出来了,
我们应该认识到,幽默是一种复杂而独特的人类智慧,计算机
无法复制,在这个概念驱动、注重人际互动的世界里,它的价

值越来越高。"[28]

和同事分享有趣的故事，或者一起回忆参加过的有趣活动，能为你的一天增添不少欢乐，缓解压力。在很多场演讲的开始阶段，我都会讲一个幽默的笑话或例子，帮助听众放松心情，激发他们对新话题的创造性思考。玩耍也可以是引入一些新鲜事物，打破沉闷。大脑会从新奇的事物中获取能量。拿出每日的填字游戏、数独、在线小游戏或脑筋急转弯，就能激发一点儿活力，让你动起来。不过要注意，别玩那些容易上瘾的游戏，不然 5 分钟的玩耍可能就变成 50 分钟了。

充电法 5：暂停

休息是我在第 6 章中提到的保持工作日活力满满的六大策略之一。我在这部分再次强调休息的好处，是因为不管任何时候，只要你给大脑充电，休息都是提升精力和专注力的重要因素。有一个最简单的、有益于身体和大脑的休息方式，就是每小时起身一次，给水瓶接满水，或者泡一杯花草茶。

充电法 6：合作激发动力

我们在第 5 章探讨过，每天将个人自身优势与工作相结合，对于保持"活力迸发型"模式至关重要。有时候你会发现，和同事合作，可以为推进基于自身优势的项目注入动力。在记录新想法，或者专注于创建新框架时，我发挥了自己作为未来主义者、创意者和优化者的优势。但当坐下来，试图描述所有细节时，我就立刻失去了动力和能量，觉得这是一件枯燥又可怕的苦差事。为什么呢？因为在我的优势清单中，沟通和情境理解能力排在末尾。这就好比在飓风中逆流游泳。我发现，如果能和擅长这方面的人合作，比如我的写作搭档梅林达·克罗斯（Melinda Cross），我就会精力更充沛，心情也更好。

充电法 7：用音乐改善心情

事实证明，音乐可以提高工作效率、认知能力和改善情绪。不信你可以问问任何一位音乐治疗师。听音乐有助于缓解焦虑，增强动力。窍门是，精力不足时，先听节奏较慢的音乐，然后逐渐加快乐曲的节奏，选择歌词少或没有歌词的音乐，避免分心。在写作本书，面对一页又一页的编辑和重写工作时，我发现电子游戏音乐很能激发自身灵感。

充电法 8：亲近自然

研究表明，身处自然环境或在自然环境周围工作，人们会更专注、更高效。事实上，亲生物理念（将自然元素融入工作场所）已经成为提高工作效率和改善情绪的一个关注点。如果可能的话，白天出去散一小会儿步，观察周围的树木、花草或阳光。至少，工作或开会时，尽量在能看到宜人自然景色的窗边待一会儿。或者在办公桌上放一盆植物，把美丽的风景设置成电脑屏保。

充电法 9：使用积极的话语

改变语言模式，就能改变你的精力状态。使用恰当的话语可以提升能量水平，也可以激发人的积极性。注意，不要对自己使用负面言语，或者自嘲。可以在桌面或办公室的墙上贴上积极的、鼓舞人心的名言警句。对话中使用积极的形容词，给予正面回馈，哪怕是像"很棒""太好了""我很感激"这样简单的词。当你感觉心情特别低落时，要避开负面新闻和网络八卦，有意识地和积极乐观的朋友、同事待在一起，汲取他们的正能量。

充电法 10：增添色彩

我一直喜欢家里和公司办公室墙上那些带色彩的装饰。当得知有研究表明，色彩可以提高工作效率和创造力时，我觉得很有道理。办公室里太多的灰色、米色和白色会让人感觉单调压抑，尤其在那些冬季阳光稀少的地区。色彩心理学家可以帮助公司选择合适的色调，营造特定的氛围，比如橙色代表活力，黄色代表积极，绿色代表和谐，蓝色代表放松。你可以在工作区增添色彩，轻松为大脑充电。一幅小画作、花瓶里的彩色石头（配上植物），甚至一个彩色相框，每次瞥见它们，都能为你的大脑注入活力。

充电法 11：清理杂物

你可能听过"桌面杂乱，思绪混乱"这句话。即使你不介意办公桌上堆满文件，研究也表明，我们的大脑其实更喜欢有序的环境。视觉上的杂乱会影响我们集中注意力。普林斯顿大学神经科学研究所的科学家发现，人们清理办公室杂物后，信息处理能力会提高，工作效率也会随之提升。

规划你的每日脑力提升计划

上述这些技巧每天都在帮助我管理大脑的能量。有时候，我忙于处理成堆的工作，还要像空中交通管制员一样协调家庭事务，就会忘记照顾大脑，不能给它及时补充能量。这时候，麻烦就来了——我会对同事急躁，对丈夫和孩子不耐烦，连家里的狗都想躲开我。

大脑自检：现在，我们来总结一下。花几分钟时间，想想如何将这些大脑充电法融入你的日常生活。

- 休息
- 运动
- 联系
- 音乐
- 积极的话语
- 清理杂物

- 玩耍
- 暂停
- 亲近自然
- 色彩
- 合作

我的大脑充电策略

_____

_____

_____

让大脑充满活力并没有固定的方法，因为每个人都不一样，这还取决于我们的工作日安排以及当天遇到的障碍。关键在于，我们不仅要经常审视自己，确保大脑在线，还要在一天的不同时刻让大脑"电池"保持满电状态。如果你做不到，而且感觉精力不足或能量下降，就要养成使用上述充电法为大脑补充能量的习惯。只有这样，你才能让下班时的状态优于上班一开始的状态，在一天结束时依然处于"活力迸发型"模式。

一个有趣的做法是，每天复盘一下自己精力下降的时刻以及让自己重新充满活力的方法。对我来说，如果早上一开始就感到精力不足，那就意味着睡眠没到位，解决办法是安排 20 分钟的小睡或冥想。下午 2 点左右，感觉疲惫时，我就知道该起身伸展一下，到户外接触一下大自然。如果是下雨天，我会起身播放我最喜欢的提神歌曲。重点在于，有很多组合方式都很有效，久而久之，你就能训练大脑，选择适合自己的充电方法，并把这些重要的习惯融入日常生活中。

第二部分重点知识回顾

我们已经学习了很多关于保持大脑在线，拥有活力满满的工作日的心理健康练习的内容。相关重点内容总结如下，便于你在早上、午餐时间或下午休息时快速回顾。

- 个人与自身大脑的关系至关重要。我们如何调节大脑的反应，引导它进入健康状态，决定了我们能否拥有积极充实的一天。

- 为了确保工作日活力满满，在管理大脑时要注重两个关键要素。一是设定基于自身优势的目标，确定优先级并采取行动；二是管理大脑的能量。

• 达到目标的方式与达到的目标同样重要。保持心理健康的关键在于，在追求目标的过程中要调节情绪，避免压力和倦怠。

• 心理健康练习的主要目标是：保持大脑在线，进入并维持"活力迸发型"模式，便于你拥有足够的脑力和动力，在职场中达到基于个人优势的目标。

• 明确基于个人优势的目标能激发你的积极性。专注于使个人优势与目标相匹配，这是我们从未学过，也未曾花时间去做的事情。

• 接受自己每天都会遇到一些障碍这个事实。认识并接受这一点，能让你在大脑开始"离线"、精力逐渐耗尽时，避免过分自责。

• 工作时，思考大脑的主要功能是让你保持最佳表现。当情绪大脑进入自动驾驶模式，压制住思考大脑时，你就很难完成重要的工作任务。

• 留意触发因素。大多数人大脑"离线"时，会有三个明显的信号，①情绪失控；②缺乏动力；③与经理、团队或客户的人际交往出现问题，这时就需要开展一些简单的练习让大脑重回正轨。

- 将自我关怀放在优先位置，运用大脑充电法。积极规划你的全天日程，保证自己有足够的休息、亲近自然、听音乐、玩耍、与他人建立联系等活动，这样在感觉精力下降或脑力枯竭时，你能恢复大脑能量。

恭喜你！如果你读到了这里，那么你已经成功了解了工作中"大脑在线"的含义，也掌握了赢在工作日、避免讨厌的障碍干扰你并耗尽你精力的策略和方法。正如我在本书开头所提到的，如果你不是领导者、人力资源团队的成员，也不负责组织相关事务，可能就不需要继续阅读第三部分了。但如果你担任上述角色，或者对"大脑在线"方法如何有效应用于团队、人员和组织管理感到好奇，那就请继续读下去吧！

第 三 部 分

"大脑在线" 组织
行动指南

现在，你对个人如何通过情绪调节和保持精力充沛来实现"大脑在线"有了一定的了解。在你的职业生涯中，现在或者将来某个时候，你很有可能会担任领导角色，管理一个小团队或大集体，甚至对整个组织产生直接影响。

无论作为领导者、人力资源专业人员，还是负责塑造组织文化基调的高管，你的情绪对员工的影响，可能比薪酬、晋升或福利的影响更大。在工作中，错误的言行很可能被员工视为一种威胁，触发他们的"警报系统"，让他们无法"大脑在线"。你的日常小对话和互动，既可能成就也可能毁掉自己和他人的工作效率、创造力和幸福感。

我们已经知道，人类大脑的默认模式通常是"离线"。归根结底，组织的管理者、制定企业制度的人需要意识到，他们有责任让员工保持积极的精神状态，打造充满活力的工作日。商业顾问、《现在，发挥你的优势》（*StandOut*）和《高绩效团队应该这样带》（*Nine Lies About Work*）等书的作者马库斯·白金汉（Marcus Buckingham）经常提醒读者，人们辞职常常是因为上司，而非工作本身。在"大脑在线"这种全新的人员管理和领导方式中，你的任务会根据角色而有所不同：

- 领导者引领他人的大脑。

- 人力资源团队引领集体的思维。
- 组织机构会变革集体的思维模式。

本组织行动指南是为所有这些岗位所编写的。我写这部分内容的目的是要强调，你的情绪具有感染力，你的行为和言辞绝对不是无关紧要的。你既可以帮助员工消除工作中的障碍，也可能制造更多障碍。你有责任消除工作中的触发因素，避免引发员工的负面情绪，让他们"大脑在线"。这最终将决定他们度过的是充满活力的一天，还是疲惫不堪、消极怠工、缺乏归属感的一天。

想想员工的个人工作体验。你已经知道，他们的工作本身就带着各种内在障碍和困难。但最终决定他们能否"大脑在线"、拥有活力满满的工作日的，是他们的领导、人力资源团队及其制定的制度，还有组织文化。

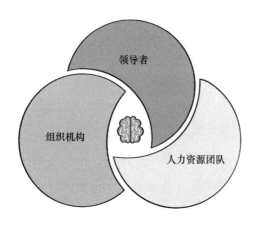

这幅图展示的是，组织内各种各样的互动和交流是如何影响员工个人，在一天中触发他们新的情绪和想法的。有些是在意料之中，有些则出乎意料。希望大多数互动能以积极的方式触发员工大脑的奖励系统，让他们的思考大脑保持活跃。而其他互动可能会制造障碍，让员工大脑"离线"，工作效率骤降。作为领导者，你是否清楚自己传达的信息、肢体语言以及互动方式会产生威胁还是奖励？这些互动会加强还是削弱你与员工的关系？在整个工作过程中，你要时刻牢记并回答这些关键问题，因为它们会对员工的工作体验产生积极或消极的影响。很久以前，一位同事说过的一句话，对身为家长的我来说至今仍然适用：孩子中最不开心的那个有多快乐，你就有多快乐。这同样适用于你的组织，组织的效率、创新性和成功程度，取决于最不开心或最缺乏动力的员工或团队成员。

在组织团队最需要的时间段，比如财年结束时，牢记上述要点尤为重要。在这段时间里，整个组织的"集体大脑"可能最为脆弱、压力最大、情绪最低落。员工会感受到来自管理者和领导者的各种潜在的负面和"大脑离线"互动，从而承受额外的压力。对大多数组织来说，这段时间是 10 ~ 12 月，即公历年的第四季度（我知道有些组织的财年或福利计划年度从 7 月 1 日或 10 月 1 日开始，那么这些日期前的几个月就是"大脑离线"时期）。

对员工来说，临近年底时，个人和工作相关的困难和障碍会越来越多，随着年底的临近，这些压力不断累积。

在这一时期，领导者和人力资源团队还需要注意一些其他障碍，包括：

- 组织预算到期。

- 确定薪资涨幅和年终奖金。

- 策划客户节日活动和团队节日派对。

- 忙碌时期资源不足。

- 来自审计人员和合规部门的内部要求，要在年底前完成相关工作。

- 达成年终营收目标的压力。

- 需要举办年度招聘会、职工大会和项目规划会。

- 制定下一年度的目标。

员工个人也面临一些其他障碍，包括：

- 应对第四季度业务需求的资源不足。

- 面临充满压力的家庭节日。

- 职场父母担心孩子的期末考试和学期结束。

- 制定新年目标。

- 节假日期间日托服务问题。

- 由于大多数免赔额在第四季度已达到，需要预约医生和安排医疗程序。

- 随着假日购物季的开始，财务压力增加。

- 节日派对和客户庆祝活动，对时间的需求增加。

- 在紧张的年底截止日期前，挤出时间休完剩余假期。

- 选择年度福利的压力。

- 关于年终奖和下一年加薪的消息。

仅仅是阅读这些内容，你可能就会感觉到压力略有上升，或者身体开始紧张起来，因为大脑回想起了这些活动或时间段。而这正是领导力的关键所在，也是领导者改变组织成员应对繁忙或具有挑战性时期的反应和沟通方式的绝佳机会。本组织行动指南将帮助你更好地理解并提升自己以及组织内其他人的心理韧性。如果你想创造更好的工作方式、蓬勃发展并成功达到目标，那么运用"大脑在线"改变这些场景至关重要。

在"大脑在线"组织行动指南的后续章节中，我将概述领导者、人力资源团队成员以及组织整体文化如何共同打造一个心理韧性强大的组织，使其在一年中最忙碌的时期更具韧性和效率。我始终相信，并在职业生涯中也亲身体会过，一个心理韧性强大的组织的形成，离不开各个领导角色的扮演者首先确保自己"大脑在线"——就像先给自己戴好氧气面罩一样，保证自己精力充沛。毕竟，领导者也是人，每天也需要管理自己的情绪。心理健康始于高层。正如伟大的领导力专家彼得·德鲁克在《自我管理》（*Managing Oneself*）一书中首次提出的那样，只有先管理好自己，才能管理他人。所以，我们就从关注身为领导者的你开始。

第 9 章

成为"大脑在线" 领导者
的内在修炼

"我如何让他人的大脑保持在'活力迸发型'模式?"

市面上有很多优秀的领导力和管理方面的书籍,你的书架上可能也有不少,它们能为你提供极为有效的商业战略、运营、财务技能和其他工作技能的管理策略和技巧。但我发现,拥有出色的商业头脑和职业成就,并不一定意味着你具备"大脑在线"所需的人际交往能力,能让团队保持高效运作和强大的心理状态。这就是传统商业领导者与以人为本、"大脑在线"的新型领导者之间的区别。有人把这些重要的、差异化的特质称为"软技能",但这个说法听起来,似乎不如工作特定技能重要。我更喜欢用"人际交往技能"或"人际技巧"

来称呼这些技能。在当今世界，对于成为一名优秀的领导者而言，这些技能即便不比其他知识或商业技能更重要，至少也是同等重要的。首先把你的领导角色想象成团队队长，你需要熟练运用这些心理健康调适技能，并以身作则，培训和支持员工在工作中保持"大脑在线"，全天都充满活力。人们会向你——他们的团队队长——寻求灵感和指导，期望你展现出成功的态度和行为。最重要的是，当员工精力不足、缺乏动力或表现不佳时，他们会希望你激励他们，帮助他们保持"大脑在线"，重回"活力迸发型"模式。本章旨在"培训培训师"——没错，就是你！

工作日里，领导者的主要任务是，在做决策、执行任务和与他人互动时，有意识且持续地审视自己是否"大脑在线"。你是否感到分心、疲惫、沮丧，甚至愤怒？这些感觉表明你的大脑可能处于"离线"状态。这些负面或有害的情绪会对你的团队，或者对你与同事的关系产生不利影响吗？如果是，那么你需要运用我们在第二部分提到的策略和技巧（比如，行动之前先暂停一下）来调节自己的情绪，管理好内心状态，创造积极的、明显的正能量，在互动或交流中吸引和激励员工。

在工作场所，作为个体和作为领导者的区别在于，领导者一天中需要更频繁地审视自己，因为你的情绪影响范围更广。在管理组织机构上下、内外事务，甚至通过线上或面对面等各种沟通方式交流时，你每天可能与更多人互动，甚至多达十几人。没有人期望你必须完美无缺，你可能也会像其他人一样，会分心，会心烦意乱，会感受到压力。但问题在于，你的负面或恐惧情绪具有传染性，随时可能让员工的大脑进入"离线"模式，导致他们精力下降、工作积极性降低、人际关系变坏，对话沟通的效率和工作环境的质量也会随之下降。

在这里，我列出了我认为领导者需要进行的训练环节——这几块额外的积木（用于搭建"活力迸发型"模型）和心理健康练习，对于成为"大脑在线"且充满活力的领导者来说，至关重要。

领导者"大脑在线"训练环节

正如我们之前所讨论的：领导者也是人，也应像其他人一样，首先练习和掌握个人行动指南中提到的技能，关注自己的心理健康。而要真正成为一名高效的"大脑在线"领导者，你还需要一套额外的领导力训练环节,在日常工作中强化特定的领导心理"肌肉力量",从而帮助你掌控好作为团队队长的内在状态。这就好比举重,首先需要进行核心力量的锻炼(如第二部分的个人行动指南中所讲的),然后进行针对性练习,锻炼和强化特定部位的肌肉力量,比如手臂、腿部和背部。我们的领导力训练环节也是如此,帮助你去强化锻炼那些能让你成为"大脑在线"、充满活力的领导者的关键心理"肌肉力量"。

以下是我所考虑的领导者训练环节,包括需要关注并掌握的六个任务练习。与其他许多领导力书籍中所能看到的技能相比,这些任务练习更深入、更全面。这些特定练习旨在强化你作为领导者最宝贵的资产——你的大脑。这六个自我审视任务练习可以概括为"C-A-P-T-A-I-N",便于你轻松记忆。这些练习会让你从一个具备一定人际交往技能的优秀"商业"领导者,成长为一个拥有卓越商业技能的杰出人文领导者。它们会让你从一个人们寻求方向、不得不追随的人,变成一个人们寻求灵感、心甘情愿追随的领导者。

成为"大脑在线"的团队队长(C-A-P-T-A-I-N)

C(check-in):经常审视自己,判断大脑是"在线"还是

"离线"。

A（align）：设定工作任务和目标时匹配自身优势。

P（pause）：开始互动（口头或线上）前有意识地暂停，确保"大脑在线"。

T（talk）：少说话，多倾听。在对话中保持好奇和怜悯心。

A（acknowledge）：经常认可和赞扬团队成员的大小贡献。

I（initiate）：发起成长计划，以确保自己和团队不断学习新事物，不断进步。

N（navigate）：妥善引导困难的对话。保持专注，让"大脑在线"，说话富有同理心。

几乎所有优秀的领导力书籍都会要求你反思自己的行为和表现，但这些书籍通常关注外部的、宏观层面的以及与业务相关的内容。"大脑在线"这种方法则弥合了外部表现和内在情绪表现之间的差距，通过提出恰当的问题，揭示我们作为人类是如何承担领导角色的。本书提出的"大脑在线"自我审视训练经过了精心设计，目的是针对工作中的情绪调节和情绪感染问题，向自己提出一些关键问题。这些基本的"心理卫生"问题训练，不仅有助于提升心理健康水平，也能让你和你身边的人都拥有"大脑在线"活力满满的一天。

领导力顾问约翰·麦克斯韦尔（John Maxwell）在《提问：卓越领导人问伟大的问题》（*Good Leaders Ask Great Questions*）一书中强调：要熟练掌握提问题的艺术。领导力训练环节的目的，是培养一种提问和回答问题的日常良好习惯，这些关键领导力问题专注于改变和重塑大脑，规划日常工作和职业发展，然后通过以身作则，训练他人也这样执行。

自省练习 1：我是否了解自己当下的想法和情绪？

对我们大多数人而言，答案可能几乎都是否定的。在第二部分我们讨论过个人自我审视的方法，这是成为优秀的"大脑在线"领导者的基础。作为领导者，你的工作节奏快、事务繁多，可能会比自己所意识到的，更频繁地处于"大脑离线"状态。尽管尽最大的努力，你也可能无法做到足够的专注、思路清晰和高效。如果你对不喜欢的事情反应过快，还可能会说出或做出对团队不太友好、不明智或无用的事。

自我审视后，作为领导者锻炼强大心理"肌肉力量"的一个步骤是暂停。要在做出反应或反馈之前练习暂停，并见证这个练习如何让你成为一个更"冷静理智"的人——这就是本练习需要掌握的内容。一天里的很多时候，你都可以进行一两次这样的练习，如发送邮件、参加会议、回复工作短信，或者与员工、团队成员、客户互动之前，先暂停一下。每次说话或行动之前的暂停，都是一次训练，这样的训练每天很容易就能达到 20～30 次。暂停时间的长短，决定了你的能力强弱，也体现了你领导力的成熟度。

可以想象运动员教练叫暂停的场景——这是一种有目的的行动暂停，可能也是赢得比赛的关键。同样，如果团队队长认为队员大脑"离线"，需要重新调整状态，更好地协作以赢得当天的"工作比赛"，也应叫暂停。

自省练习 2：我是否在所有情况下都能够有效地发挥个人优势，朝着基于自身优势的目标前进？

领导者的日常工作通常十分忙碌，日程安排得满满当当。在这种情况下，需要极高的效率和效能才能取得成果：首先要确保"大脑在线"，这样所有行动才能清晰、专注且目标明确。自省练习 2 是要确保你的目标与你的个人优势和天赋相匹配，即便是日常的小目标也应如此。这通常意味着，你要将不擅长的任务委派给他人，或者寻找可承担任务的合作伙伴。例如，如果你需要起草团队的报告材料，或撰写与高管沟通的文案，但鼓舞人心的写作并非你的强项，那么就需要把这项任务交给有创意写作天赋的人。如果你的优势是达成结果，但不擅长规划未来的进步或变革，那就需要找一个富有创新精神的战略合作伙伴，共同打造你想要执行和实现的愿景。这并不是说，你不能去做工作所需的各个环节，只是我们需要意识到，人不可能擅长所有事情。有些事情做起来就像逆流游泳，会让你疲惫不堪，失去动力。

通过他人来达到领导目标，是具有卓越领导力的体现，尤其是当你与他人的优势进行战略性结合，以弥补自身不足时，这种体现更为显著。这就是为什么了解自身优势与了解自己不擅长的领域同等重要。专注于那些让你充满热情的事情，并确保这些技能在每天大部分时间里都能得到充分应用，这会让你成为更成功的领导者，心理更强大、精力更充沛，也会激励他人来效仿你。

自省练习 3：我能否与他人的想法和感受同频？

这项练习看似简单，你可能觉得无须练习或纳入日常训练。但是，如果回顾一下前面章节的内容，你就会理解，你的大脑一直在扫描潜在威胁，大约 50% 的时间都在走神。而且，你的大脑主要关注自身感受、个人经历和安全，所以你很可能并没有真正去倾听他人的话语，理解他们所传达的情感。深度倾听的关键在于保持好奇，这就是你在这项练习中要锻炼的心理"肌肉力量"。当你专注于他人、保持好奇心并努力了解更多时，这就是一次"练习"。对于所有对话，你都要像私家侦探一样，挖掘关键信息和情感，通过每次对话或交流，建立更紧密的联系，取得更好的效果。你在对话中有这样的目标吗？你是力求主导对话，还是进行真正的交流？领导者展示深度倾听最有效的三个字是，多说点。

我见过一些领导者在对话中运用上述技巧，深入挖掘对话的核心问题或要点，而不是急于介入，只处理表面问题，最终取得了惊人的效果，并且建立了良好关系。作为领导者，你需要让团队成员分享哪些做法对他们有效、哪些无效，或者让他们进一步解释自己的描述。作为深度倾听者，你需要通过提出大量问题来收集足够多的信息，以便清晰地了解问题或需求所在，然后从理智和富有同情心的角度做出恰当回应，使对话富有成效（而不是基于自己的认知、想法和假设做出回应，导致对话毫无成果）。做一个好的倾听者，还意味着在对话中不要急于评判，也不要在还未真正了解问题之时，就告诉对方如何去解决。

这项练习可以这样去做：你能做到在与他人的对话中不急于表达自己认为正确的观点，或不举自己的例子吗？我相信你肯定遇到过类似的情况：你和别人谈论自己的经历或面临的挑战时，对方立刻插话："哦，我懂你的意思，我也遇到过。"然后他们就开始滔滔不绝地讲述自己的经历，而你只能听着。你的目标应该是，永远不要这样对别人，无论是对员工、同事，还是朋友或家人。但是，能做到这一点这并不容易。在每次对话中，你可能都会经历我所说的"大脑在线"的内心斗争：你会专注倾听/阅读几秒钟，认真关注对方或邮件的请求，但在不知不觉中，你的思绪就飘到了其他事情上，或者想起了自己类似的经历。这就是我们大脑的运作方式，也是对话容易偏离主题、情绪容易失控的原因。通过开展这方面的自省练习，锻炼深度倾听的"肌肉力量"，能让你不仅在互动中更专注、更用心，还能更具同理心和同情心。

如何衡量自己是否在锻炼倾听"肌肉力量"，成为一名优秀的倾听者呢？你可以重复对话中听到或读到的内容，并描述出其中所蕴含的情感，这是确保你正确理解的唯一方法。你可以说："我想确认一下我是否理解了这个问题……"或者"我听到你说的是……对吗？"对话结束后，你也可以快速进行自我评估，评价自己的倾听表现，以及自己情绪失控、大脑"离线"、打断对方发言或抢先给出答案或观点的次数。

自省练习 4：在艰难对话中，我是否保持"大脑在线"？

执行思维领导力研究所创始所长、彼得·德鲁克管理学院实践教授杰里米·亨特表示：艰难的对话本身并不难，难的是我们对这些对话抱有的想法、观点和信念，使对话变得可怕、糟糕、棘手又令人沮丧。在进行艰难对话前，第一项练习是想象对话的结果，设想你希望会议如何进行。如果你不清楚，也无法控制对方会如何回应，这种不确定性本身就可能触发领导者的负面情绪。你需要提前做好准备，牢记你希望展现的状态和期望的结果，这会让你在会议中保持冷静，内心坚定。

对话过程中不断审视自己也至关重要——你需要留意自己是否变得紧张，是否表现出沮丧或犹豫。这些是你的情绪被触发的信号。针对艰难对话，第二项重要的练习是在开口前先暂停。第三项练习是，不要试图猜测或臆想对方的想法，而是去倾听。这些练习实际上是对前面几个练习的总结，将它们整合为一个三步流程，可以增强你的应变能力，帮助你更好地应对这种困难且具有挑战性的情况。

艰难的对话无法避免，但作为领导者，你需要记住的是：这些对话对于个人成长和组织团队的成功都至关重要。你的目标应该是，熟练掌握并在情感上强大到足以应对这种困难的对话。

与他人建立联系

自省练习 5：作为领导者，我是否展现出了脆弱和同情心？

在新兴的以人为本的商业世界中，展现脆弱和同情心是领导者能够培养的最宝贵的技能。同情心并非与生俱来，我们必须去练习和培养它。这就是为什么培养同情心是一项心理健康练习，并且要从内在开始修炼。在对他人展现同情心之前，你首先要有自我同情心。许多领导者在晋升过程中往往对自己要求苛刻，自我同情是最难学会的事情之一。

作为领导者，对他人展现同情心，意味着愿意理解团队成员的内心挑战。展现同情心的一个步骤是采取行动支持对方，比如从外部提供一些帮助。可以问："有什么我能帮得上忙的吗？"这可能意味着提供公司的福利和资源，或者推荐一门特定的培训课程。

展现脆弱能让团队成员看到你人性化的一面。它可以很简单，比如对团队说"我不知道"，或"在这件事上我错了"，甚至可以分享个人经历。这会让你成为更具"人性"的领导者。我会特意分享自己大脑"离线"的情况，处理个人问题的情况，比如家人生病或我自己面临健康危机时。久而久之，团队成员也会更自在地分享，最终我们相互学习，在职场内外都能建立起更牢固的关系。

自省练习 6：我是否为自己和团队树立了成长型思维？

拥有自主权、对业务精通以及具有明确的目标，是获得高等级职业幸福感的关键。"大脑在线"的领导者明白，自己和团队都需要成长，否则就可能会停滞不前，甚至业绩下滑。如果你和团队在太多时间中都只是专注于任务而不重视成长性，则会导致工作环境缺乏活力。而成长是多种形式的，可以是增长知识和技能，也可以是积累经验、改善人际关系。

丹尼尔·平克在《驱动力》一书中解释道："人类天生具有内在动力，渴望自主，渴望自我决定，并与他人建立联系。当这种动力得到释放，人们就能取得更多成就，过上更丰富的生活。"

为了在工作中保持精力充沛，领导者要想办法激发自己和团队的热情，明确目标并发挥个人优势。团队领导可以邀请外部演讲者，或者与员工一起读书并讨论。如果学到了改变自己生活的新东西，领导者也可以分享给团队。

当员工感受到你在为他们的成长投入和付出，看到你努力克服困难，他们就会保持"大脑在线"，从而更有活力。这也会进一步强化你与他们之间的关系，进而提升组织的凝聚力和事业成功率。

衡量你的进步

将"大脑在线"领导力训练环节融入日常工作，每天进行自我审视，作为衡量评价自己领导力心理调适能力的工具。例如：会议开始前，你是否展现出了"大脑在线"的行为？你如何评价自己今天的倾听技巧？在开展艰难对话或处理挑战性情况时，你是否帮助他人保持"大脑在线"状态？你今天学到新东西了吗？这对团队的活力有何影响？

成为受尊重且让人愿意共事的领导者，首先要与自己的大脑建立良好关系。明智的领导者懂得如何调节情绪，保持思考大脑"在线"，避免触发他人的负面情绪。世界上所有的领导力和管理培训，都无法弥补一个大部分时间"离线"且未升级的大脑。先管理好自己的内心，再看看你和你的团队能走多远。

领导者重点知识回顾

- 树立正确的领导基调：作为领导者，你的情绪表现对员工的影响可能比薪酬、晋升或福利的影响更大。

- 你的情绪具有传染性：你的行为和言辞绝不是无关紧要的，它们既可以帮助员工消除工作中的障碍，也可能制造更多障碍。你有责任消除工作中的触发因素，避免引发员工的负面情绪，让他们"大脑在线"。这最终将决定他们度过的是充满活力的一天，还是疲惫不堪、消极怠工的一天。

- 全天自我审视：领导者工作日的主要任务是在与他人的每次互动中，有意识且持续地审视自己是否"大脑在线"。你是否感到注意力涣散、疲惫、沮丧，甚至愤怒？如果是，那就休息一下，让大脑重回"在线"状态。你的任何负面或恐惧情绪都可能随时让员工的大脑进入"离线"模式。

通过将领导力训练环节融入日常工作，成为团队队长

C（check-in）：审视自我。

A（align）：发挥自身优势。

P（pause）：暂停。

T（talk）：少说话，多倾听。

A（acknowledge）：认可和赞扬。

I（initiate）：发起成长计划。

N（navigate）：妥善引导困难的对话。

记住"大脑在线"领导者的座右铭：**学习，践行，引领**。

第 10 章
人力资源部门："大脑在线"
的推动者

"如何才能让组织机构的集体思维充满活力？"

对于长期关注团队员工职业体验的人力资源部门专员们，我对你们所做的一切深表感激与敬意。很多人并没有意识到，你们的日常工作面临着情感层面的巨大挑战。你们的职责是确保公司里的每一个人都拥有能够保持"大脑在线"和以充沛精力积极投入工作所需要的一切，而这绝非易事。实际上，在这个以知识工作者为主和变革的时代，人力资源的核心在于"大脑资源管理"，即全力支持员工的全面发展。人力资源部门必须清除障碍，让员工拥有所需的一切，让他们每天在工作中都能充分思考、高效行动、展现出最佳的状态。多年来，我与数百位人力资源领域的思想领袖有过合作，深知你们是这个世界上的无名英雄。实际上，你们是组织团队的社群建设者、教导者和关怀者，奋战在支持员工健康与福祉的第一线，为员工在组织中的生存或发展奠定了基础。

和团队领导者一样，人力资源部门在日常工作中也有其特定的职责——他们是组织团队开展心理健康训练方案的创造者、主导者和实施者，是一切的开始！团队中的每个人都会受到人力资源部门制定和管理的项目、制度、福利、培训及资源的影响。在本章中，我希望能帮助所有人力资源从业者了解：要使员工保持"大脑在线"、处于"活力迸发型"状态，有效应对普遍存在的职业倦怠、压力和潜在的负面有害的文化对团队环境的影响，需要遵循哪些原则，采取哪些行动。

快速声明一下：之所以选用"人力资源"（Human Resource，HR）这个常用术语，是因为在我看来，部门名称并非那么重要，关键在于部门的运作方式。我所说的"人力资源"，意味着团队的管理采用以人为本、人性化的设计思维，关注人的整体系统，并实现生活与工作的融合，即认识到，工作是充实人生的重要组成部分。所以，无论这个部门的名称是人员运营部、首席人才办公室、整体薪酬部、人力资源部，还是全人资源部，只要其背后的使命、宗旨和支持行动到位，名称并不重要。同样地，无论把员工称为雇员、团队成员、同事，还是工作大家庭成员，只要能够真正理解个体对于组织的意义，并且在工作的方方面面体现这一点，称呼也无关紧要。重要的是，你的管理理念和对待员工的方式需要让每个人都清楚明白，并且能真切感受到你的诚意。而这些名称和用词本身就能让员工感受到关怀，并帮助他们保持"大脑在线"。

作为一个部门，人力资源部的职责是发展和打造积极的日常员工体验。多年来，人们一直通过团队奖项来认可和强调这种管理目标，这些奖项基于员工敬业度的标准，例如：

- "我的公司重视并认可我的贡献。"
- "我能够理解组织的愿景和使命。"
- "我对公司的领导有信心。"
- "我的公司把我的福祉放在首位。"

然而，要让组织团队获得高分，并让这些关键标准真正落地，员工必须首先了解自己作为人类的思维模式，从而改善工作表现；需要了解如何更好地调节情绪；明白什么能让他们感受到与团队的情感联结和支持。这些正是"大脑在线"的技能，人力资源部门必须帮助员工和领导者培养这些技能，为养成充满活力和高效的日常工作习惯奠定基础，从而改变员工的日常体验。如果不传授这些"大脑在线"的技能，组织团队的员工敬业度、卓越的领导力以及健康发展和成功都只能听天由命。

作为人力资源专员，你该如何打造"大脑在线"的员工体验呢？总体而言，有四个关键步骤可以帮助改变人们的工作方式，从而创造更有活力的工作体验。

步骤 1：在组织团队中发动"大脑在线"理念

人力资源部门首先要明确的是自身作为"大脑在线"理念的"教练"或负责人的角色，代表并服务于组织团队中的每一个人，同时争取领导层的支持，且整个部门必须认同这种运作模式，这是人力资源部门创建和支持的一切工作的基础框架。否则，在员工（也就是"球员"）开始工作之前，这场"比赛"就已经输了。职业倦怠、压力、低敬业度和高离职率将持续影响员工工作表现和组织团队的成果。

很多时候，人力资源部门或项目都有自己的任务、目标和宗旨，并且可能每月仅开一次全体团队会议，讨论高层次的项目，分享各自小组的工作进展。在此，我建议制定一个更全面、更整合的人力资源战略，使每个人都朝着相同的方向努力，采用相同的方法，遵循相同的原则，追求相同的目标。那就是采用"大脑在线"方法。通常公司会制定一个以员工体验为核心的主项目计划和沟通日程表。项目则是根据员工的行动、行为或工作历程来定义和规划，而不是依据具体部门或可交付成果。团队日程表汇总并反映当月与员工相关的所有沟通、任务或能够反映当月任何员工感受到的机会，而不是按部门分别列出各项内容。

通过清晰呈现当月的员工体验的方式，人力资源团队可以调整截止日期和沟通方式，使其更具整合性、更以激励为导向，从而避免各自为政、流于形式，减少引发负面情绪的因素。即使要传达的信息复杂或棘手（比如推出新的学习管理系统、薪资系统，或进行年度福利注册），也要从整体、整合的角度向员工说明他们需要做什么，以及当天、当周或当月的体验会是怎样的。这样能为员工提供他们需要的确定性和清晰感，让他们切实感受到被关怀，从而保持"大脑在线"。

步骤 2：将"大脑在线"理念融入人力资源决策

在第三部分开头，我列举了一些人力资源部门给员工设置的障碍，当然这些障碍都是无意中造成的。人力资源部门的目标是确保这些以及其他潜在的障碍，不会妨碍员工拥有"大脑在线"且精力充沛的一天。因此，人力资源部门在制定战略决策时，必须将"大脑在线"的理念融入其中，比如：

- 如何吸引、留住和关怀员工。

- 人力资源部门提供的产品和服务。

- 所需的领导技能和人员管理职责。

- 组织团队在所有利益相关者和客户心目中的品牌形象和声誉。

- 公司的创新成果、产品和业绩。

- 对社区和社会的贡献。

如何判断你是否已经成功地运用"大脑在线"理念做出了这些决策呢？在向全公司发布沟通信息或正式启动新计划之前，团队可以进行一次有目的的暂停，开展讨论并提出以下问题："信息是否清晰，会不会引发不确定性？""这会加强组织团队与员工的关系吗？""它会被视为一种激励，还是会被某些群体视为威胁、不公平或不平等，从而引发基于恐惧的'大脑离线'反应？"这种有目的的暂停策略至关重要，将有助于确保人力资源部门是以提供有价值的资源和激励而见长，而非制造威胁或引发负面情绪。

你还可以通过运用深度倾听的技巧，通过观察人们态度或反应的细微变化，来评估你的行动在多大程度上符合"大脑在线"的理念。员工或领导是否会因为你最近发布的通知或沟通信息而发邮件向人力资源部门抱怨或表达担忧？这意味着你的信息触发了他们的"大脑离线"状态。你无意中用信息、指示或新计划触发了员工的负面情绪，使得他们在那段时间无法发挥出最佳的思考和工作能力。你还可以通过评估未采取行动或错过关键截止日期（如年度福利注册、合规培训等）的人数，来衡量某个障碍的严重程度。通常遇到的问题并不在于该不该推出某项计划或变革，而在于沟通和员工认知的方式，即员工将其视为激励还是威胁。你会发现，威胁通常会引发愤怒、沮丧、不作为、停滞不前或僵化的反应，激励则会推动人们前进，促使他们做出你期望的行动或行为。

步骤3：为所有员工提供大脑培训

作为"大脑在线"理念的主导者、实施者和教练，人力资源团队的职责是提高员工的心理韧性和健康水平。这就需要为每位员工提供适当的教育、工具和资源，帮助他们了解大脑的运作方式，以及培养他们优化和利用大脑的能力。前两个步骤为你的工作奠定了操作基础，而第三步则是让"大脑在线"理念真正落地的关键。掌握"大脑在线"的知识和技能将改变员工的工作体验，让他们的工作日充满活力。

"大脑在线"培训是怎样的呢？旧有的方式是为管理者提供午餐学习活动，或一次性的情商管理培训。或许你还会为高潜力员工或领导者提供某种人格测试和评估，如迈尔斯—布里格斯类型指标（Myers-Briggs Type Indicator）、DiSC 性格测试、盖洛普优势评估。这些测试都很有用，是很好的开端，但我发现这些培训和评估往往是一次性的，内容过于笼统，因而从未完全融入员工的绩效目标、日常互动和对话中。此外，这些活动通常只面向一小部分员工。将这类评估和培训推广到全体员工，能够提升整个组织团队的水平，使其全面实现"大脑在线”。而新式的“大脑在线”培训方式具有多个层次，能持续培养员工融入日常运营、会议或工作任务中的技能。其目标是尽可能地让更多员工了解大脑的思维模式，以及如何提高心理韧性。

我经常被问到的一个问题是：“我该如何帮助员工减轻压力？”许多组织团队举办过一两次关于压力管理的午餐学习活动，但这类活动对训练和强化集体思维、养成良好的终身习惯收效甚微。为打造一个高效且富有韧性的“大脑在线”工作场所，人力资源部门应注重拓展并纳入持续的培训课程和工具，这些课程和工具应致力于减轻员工压力，让工作日更具活力。“大脑在线”培训计划的一些示例包括成长型思维模式课程、无意识偏见应对技能培训和正念训练。关键在于，无论是内部开发还是与供应商合作，都要提供广泛的大脑优化主题和培训课程，这些课程应分为多个层次（从基础到高级），全年开设，适合各种学习风格（听觉型、视觉型和动觉型），并通过多种媒介（印刷品、视频、网络、应用程序、现场培训、音频）以易于理解的小模块形式呈现。

例如，我所在的 NFP 公司与一家心理健康供应商合作，该供应商提供丰富的视频培训库、可直接给员工发送沟通资料，以及提供一款用于日常练习的移动应用程序。培训课程以12周为一个周期，每个季度专注于一项技能（比如克服工作中的注意力涣散和不堪重负的感觉）。每周会通过30分钟的现场线上培训，面向全球所有员工开展课程。此外，员工还可以使用一款应用程序，其中包含与该主题相关的日常练习和冥想内容。12周结束后，我们不仅了解了在特定工作场景中大脑的运作方式，还掌握并能练习强化重要心理"肌肉力量"和养成良好习惯所需的技能，同时通过交互学习和练习，建立了更强大的内部社群。

为衡量培训工作的影响和效果，重要的评价准则是准确客观评估员工的心理健康水平。要记住，心理健康的衡量标准是主观的，只有员工自己才能判断自己是否"大脑在线"，是否度过了充满活力的一天。他们的反馈是判断培训计划在增强心理韧性和职场关系方面是否成功的最佳方式。可以在每节课前后进行简短的非正式即时调查，这将有助于评估每次培训的效果。只需在课程开始时对压力水平进行自我评分（1分表示压力低，5分表示压力高），培训结束后再次评分，很可能会发现员工的压力和焦虑感立即有所降低。我们发现，几乎所有人在每次30分钟的练习后，都会反馈有类似的积极效果。这种做法会让员工在当天剩余的工作时间里效率更高、表现更好，实现双赢。

还可以在课程结束后的第 4 周和第 8 周对学员进行调查，了解他们是否仍在练习和应用所学的内容，以及是否仍感觉压力有所减轻。在任何调查中都要设置一个开放评论框，收集成功案例和示例，以便在未来的沟通中使用，吸引更多人参与。最后，对供应商提供的应用程序或其他技术的使用情况进行报告，对于评估项目的成功与否也非常有帮助。

步骤 4：让 HR 团队内的每个个体践行"大脑在线"理念

在鼓励人力资源团队调节整个组织情绪的同时，部门内的个体每天也要做好自我情绪调节。虽然我能够理解这是一项艰巨的任务，但部门决策、沟通和对话的"大脑在线"程度，对营造关怀和心理健康的组织团队文化有着最大的影响。以下是一些关于如何让每个 HR 团队践行"大脑在线"理念的建议。

学习与发展部门

我将这个部门列在首位，是因为学习与发展部门在推动组织团队实现"大脑在线"方面发挥着最大的作用。在我们的社会中，个体发展在 18 岁左右就基本停滞了。我们从未真正学习过如何成为一个心理成熟的成年人，如何富有同情心、成熟且慷慨地展现自我，尤其是在工作场合。我们也从未学习过大脑是如何学习，如何工作以完成任务，以及如何在团队中与他人产生互动的。我们同样没有获得过关于如何调节情绪的指导，没有了解过忽视情绪和无法有效处理情绪会对工作和个人产生何种影响。这些"学习鸿沟"是人力资源学习与发展部门需要面对和解决的挑战，这关乎组织团队的心理健康和未来的成功。

人力资源学习与发展部门是确保全体员工和整个组织团队能够以更高效、可持续和可再生的方式工作的重要推动者。了解我们的大脑如何运作、集体思维如何协同工作，以及如何训练大脑以提高专注力、工作效率、时间管理能力、对话和沟通能力，这些都是成人发展培训的内容和技能。我发现，那些将人本置于文化核心的蓬勃发展的组织，其心理健康计划主要是

由人力资源学习与发展部门负责并主导的。部门的团队应充当
课程设计师的角色，以确保员工和领导者在工作中保持"大
脑在线"，了解充满活力所需了解的一切知识。培养每个人成
为心理强大、表现卓越、善于协作的员工，是这个部门的一项
重要业务使命。

人力资源学习与发展部门的职责是设计一套全面的"大
脑在线"课程体系，以确保员工实现个人能力的提升，包括
情商、应对无意识偏见、对专注力和注意力的训练、对自我意
识的培养、对困难对话的处理，以及有效的人际交往技能等方
面。我还发现，为了成功训练集体思维，人力资源学习与发展
部门仍需与人才管理、福利管理，以及多元化、公平、包容与
归属感（Diversity，Equity，Inclusion and Belonging，DEIB）部
门密切合作。这些部门的目标和计划在营造心理安全和包容性
文化方面会有所重叠。组织团队的成功将取决于心理健康培训
的深度、广度，以及各级人员的参与度和投入程度。这就是为
什么需要由学习与发展部门牵头，采用整合的人力资源方法，
来改变当下及未来的工作场所。

招聘部门

吸引关键人才就如同为运动队挑选最佳球员，或是为顶尖学校筛选和面试申请者。你的职责是选拔并聘用最优秀、最聪明的人才。如今，招聘已不再仅仅关乎工作技能和成就，而是要寻找那些具备我们一直在讨论的"大脑在线"人际交往技能，并且愿意接受"大脑在线"理念的个人，以便持续提升整个员工队伍，尤其是经理和领导层的活力。

作为组织团队的"第一印象和门面担当"，人力资源部门与潜在应聘者的一对一交流，可能会成为他们加入组织团队的动力，也可能成为阻碍（第一印象至关重要）他们加入的原因。人力资源部门必须运用"大脑在线"技能，尤其是一些更具人性化的技能或所谓的"软技能"，这些技能在招聘工作中变得越来越关键，比如好奇心、深度倾听和同情心。需要明确的是，"软技能"这个说法并不恰当，这些技能并不容易学习和培养，学习它们需要投入与运营招聘流程、管理招聘系统、寻找候选人才库一样多的时间、精力、专注和练习。

人才部门

人才部门管理着许多关键举措，而大脑在线方法能决定员工体验成功与否。

- 入职环节。在这个阶段，人才部门扮演着组织团队的"大脑在线"理念大使的角色，要从一开始就帮助新员工顺利融入。对新员工来说，入职的头几天是最令人紧张的。他们大脑中的杏仁核处于高度警觉状态，新的观念和想法会迅速形成。在新员工入职培训和工作的头几天，向他们介绍"大脑在线"的技能和策略，将是一项非常棒的首要任务。

- 入职前 90 天技能培训。无论你所在公司的入职期是 30 天、60 天，当然最好是 90 天，在这段关键且大脑"敏感"的时期，需要有策略地对新员工进行"大脑在线"技能培训。教会他们大脑在新环境中的运作方式，需要注意什么，如何与新团队成员和同事建立更牢固的联系，并确保他们的优势能传达给经理，以便在最初的目标设定和工作职责讨论中得以体现。

- 绩效规划与评估。我们已经讨论过设定目标可能会让人们的大脑"离线"。在进行绩效规划时，确保员工的目标与他们的优势和福祉相关是至关重要的。在评估和反馈这些目标时，许多公司正在取消年度评估，因为总结一整年的工作成果和改进方向往往让人应接不暇，而且效果适得其反。回顾一整年的工作往往会让员工的大脑"关闭"。就像设定目标可能会让大脑"离线"一样，年度绩效评估通常也会对员工产生类似的影响。要指导领导者如何进行绩效讨论，告知为什么这类讨论可能是对员工影响最大的触发因素之一，同时要确保这些对话的结构设计能够让员工保持"大脑在线"。鼓励进行认可和精心设计的建设性反馈，以激发员工的积极性，让他们对自己的工作表现有明确的认识。这将避免员工的大脑被担忧情绪占据，增强他们被关怀和被欣赏的感觉，从而保持"大脑在线"。

- 应对具有困难的对话进行培训。与学习与发展部门合作，为所有人才提供相应的技能培训，不仅要让他们能够应对持续的绩效讨论，还要能处理具有困难的对话。领导者和员工都需要掌握这些技能，才能成功应对内部或外部的各种挑战。营造一种能够给予建设性反馈而不会引发情绪反弹的文化，能提供心理安全感和透明度，这也是一个蓬勃发展且心理强大的组织团队的标志。

薪酬部门

薪酬是员工从组织团队获得的最大也是最频繁的"奖励"。然而，薪酬也可能成为最大的障碍，或者被员工视为威胁，使他们对工作和雇主产生负面看法。当薪酬问题导致员工"大脑离线"时，人力资源部门和领导者会听到诸如"我觉得自己的薪酬不公平""我在 ABC 公司做同样的工作能赚更多钱"之类的抱怨。而在员工内心，当大脑处于"离线"状态时，他们的想法可能更具破坏性，比如"我做了这么多工作，工资却这么低，真让人不敢相信""我一个人干了两个人的活""我的公司根本不认可我的价值"等。这种"大脑离线"思维产生的怨恨会不断累积，很难消除，也难以让他们重新回到"大脑在线"的状态。

在当今社会中，大多数人除了在年度薪资或绩效评估会议上，几乎感受不到努力工作带来的明显回报。由于自动工资存入和在线账单支付，他们刚到手的辛苦钱很快就花出去了，甚至还没等看到银行账户余额增加，钱就花完了。这样的过程会让员工的大脑处于"离线"状态。如果没有明显的奖励机制（比如发薪日的认可和庆祝），员工就会默认进入一种充满疑虑的状态（眼不见，心不念），质疑自己的薪酬、自身价值，以及所付出的压力和努力是否值得。秉持"大脑在线"理念的薪酬部门，会将每个发薪日视为一个契机，通过创意沟通、内部网络发布、日历提醒、反思练习以及财务健康计划等方式，向员工传达价值、认可、赞赏和奖励。

一家公司在每个发薪日都会发送一份简单的表情符号形式的即时调查（包括开心、难过、生气三种选项），只问一个问题："你觉得过去两周你的工作和成果得到了公平的薪酬回报吗？"员工还可以点赞或点踩，并通过一个开放评论框详细说明自己的答案。这样做有两个好处。第一，让员工每两周反思一次自己的工作和薪酬，能让他们更清楚地认识到自己的贡献和价值。第二，这向员工表明雇主关心他们。顺便说一句，你可能会惊讶地发现，大多数反馈都是点赞，员工对这项活动非常感激。

福利部门

　　福利部门是员工的主要保障方，通过提供各种福利方案来提升员工的精力和工作积极性（这就是为什么它是整体薪酬的一部分）。然而，以我的经验来看，许多福利和服务都带有"恐惧"色彩（比如，你退休后钱不够花；错过注册截止日期就无法享受医疗保健等）。对员工来说，福利部门充满了令人担忧的必做事项和潜在风险，这些都会触发员工的大脑进入"离线"状态。

　　在与员工推广和沟通这些福利措施时，99%的情形下，你必须要假设员工的大脑处于离线状态。无论你所推广的是多么重要和有益的新的福利措施（比如长期护理保险，旨在改善员工的生活或财务状况），他们的大脑都会对此产生抵触。想象一下员工的年度福利注册过程吧，每年，全球的员工在年度福利注册开始时，通常只会关心两个问题："我的保费要涨多少"，以及"今年又要取消哪些福利"。仅仅看到"年度福利注册"这几个字，就会让他们拉响警报。人们通常会等到最后一天才进行变更，因为他们觉得这个过程复杂、令人害怕、让人沮丧，而且压力很大。没人愿意去想自己来年可能会生什么病、需要多少处方药，或者如果自己或伴侣明年去世，需要多少钱才能维持生活。哎呀！难怪人们的大脑会"离线"，无法做出决策，或者做出错误的决策。

即便是在年度注册期间推出一些看似诱人的新福利，也可能会让员工的大脑"离线"。比如，你可能会宣布，只要员工进行年度体检，或者完成季度健康活动挑战（比如步数追踪或健康饮食），就能获得200美元的健康奖励。然而，只有那些目前已经在进行这些活动的人（也就是积极且健康意识强的员工）才会对此感兴趣。大多数人一想到要放弃自己喜欢的含糖饮料或零食，要为了生物特征报告去扎针，或者现在就得挤出时间锻炼，又或者参加正在推广的锻炼活动，就会因恐惧而立刻"大脑离线"。而这些"大脑离线"反应的例子与福利选择过程有关。在一年当中，员工使用公司提供的福利产品（比如团体医疗保险）时，除了生孩子这种情况，通常每次都会面临令人害怕、紧张且"大脑离线"的状况，这就不断加深了他们对福利相关事务的恐惧。

类似的例子还有很多，关键在于，你为员工精心策划的优质福利，往往会立即且持续地触发或导致他们的大脑"离线"。这就是福利的利用率可能较低的原因，例如员工对福利的消费意识难以形成，急诊室继续充当初级医疗服务场所，以及许多人只有在出现医疗危机时才会寻求帮助。

鉴于年度福利注册是你与员工互动的重要时机，以下是一些让这个过程更符合"大脑在线"理念的建议。

- 运用以人为本的设计思维和神经营销学技巧，开发新颖的沟通方式，比如制作吸引人的福利指南。很少有组织会定期更新福利指南，而且大多数指南都不够直观、不便于使用。可加入代表不同员工群体的个人案例和故事，这能让人们产生共鸣。可在能为员工省钱的福利项目（如健康储蓄账户或非独立日托账户）旁边加上金钱符号等图标，有助于让员工重新关注这些福利，并希望能够充分利用这些福利。甚至可将整体薪酬福利的所有信息整合到一个移动应用程序中，而不只是在内部网络或福利注册系统中列出部分内容，这样员工可以随时随地轻松找到所需的所有信息，在做出这些重要决策时，还能方便地征求伴侣的意见。

- 为核心员工提供在雇员退休收入保障法（ERISA）计划之外的自愿且与生活方式相关的福利，并提供非年度周期的注册机会。挑选 3~4 个此类福利项目，将其从年度福利过程中分离出来，这样员工就可以有更多时间深入了解这些产品，增强信心，培养消费意识，同时减少因年度注册期间选择过多而产生的抵触情绪。我发现，当雇主专门拿出一个月的时间来介绍某项福利（比如重大疾病保险、长期护理保险或护理解决方案），并一次只培训一个主题时，员工的参与度和注册成功率就会高很多。这样做可以让员工保持"大脑在线"状态，并通过给予员工逐一做出合理而恰当决策的信心，使他们感受到被重视。现在让我们暂停思考一下，当我提出增加年度福利注册次数的建议，有没有让你的大脑"离线"呢？如果有，那就做三次深呼吸。这听起来可能工作量很大，但实际上并非如此，尤其是可以寻求经纪人和保险公司的帮助，让他们协助开发沟通材料和培训内容，并使用福利注册解决方案来确保员工能够得到问题的答案并获得选择福利的帮助。

- 与学习与发展部门合作，在年度福利注册季之前（最好是整个年度之前）提供"福利入门"培训，内容包括决策支持评估、视频、工具和福利计算器。这样做可能教会员工如何成为明智的消费者，如何维护自己的身体、财务和心理健康，其目标是让福利真正发挥"福利"的作用。通过技能培训提升个人的专业知识和信心，将有助于把基于恐惧（导致大脑"离线"）的福利项目转变为真正基于奖励（让大脑"在线"）的福利项目。

多元化、公平、包容与归属感（DEIB）部门

DEIB 的每一个方面，都是"大脑在线"的心理健康练习，需要在人的一生中每天进行训练、实践和技能培养。人们天生具有社交属性，但并不是天生就懂得如何轻松建立关系，确保这些关系是健康的，并尊重个体差异和需求。

任何一个与我们不同的人，都可能会下意识地触发我们的大脑进入"离线"状态。而减少偏见、避免评判、求同存异、成为他人的盟友，以及带着同情心与人交往，这些都是"大脑在线"理念的关键和重点。培训领导者和员工，让他们意识到并消除那些引发冲突、紧张、压力和负面情绪的日常障碍，则是组织团队保护自身文化、品牌和声誉的首要任务。

DEIB 的目的在于重塑我们的旧习惯、模式、行为和思维。

这需要所有人投入大量时间、精力，并接受培训，才能真正改善集体思维，变得更加开放和包容。这就是为什么 DEIB 部门和学习与发展部门在这些技能培训课程上进行协调与合作至关重要。以下是一些 DEIB 培训的建议。

- 帮助所有员工了解大脑产生偏见的机制，并让他们明白这是完全正常的现象。当人们认为自己应该做得更好、表现得更好，或因为不知道某些事实而感到羞愧和自我厌恶时，就会产生偏见。此外，人们还会因为担心说错话或做错事，而害怕与他人建立联系。要尽可能多地利用各种机会，向员工反复强调如何理解大脑产生偏见的机制，以及如何通过培训和实践来改善思维，减少偏见。

- 无意识偏见培训不能仅开展一两次，因为这远远不足以重塑人们的思维，要让这些重要的习惯扎下根来。需要将减少偏见的内容融入所有学习与发展培训中，以培养沟通、对话和决策技能，这才是关键。可以从"大脑在线"审计开始，回顾所有与个人工作绩效技能无关的员工培训内容，在其中加入关于该主题可能出现的偏见、如何保持"大脑在线"以及运用心理健康练习（见第 7 章）减少偏见的内容，并通过示例和小组讨论进行强化。

- 将 DEIB 举措纳入员工健康计划并确保其成为计划的核心支柱至关重要。如果有人感觉自己不被关注、不被倾听或不被包容，这意味着他们的大脑处于"离线"状态，正处于受威胁或恐惧的心理状态，身心都会受到这种压力反应的生理影响。他们参与会议的积极性会降低，工作投入度也会大打折扣。在组织中获得强烈的归属感，是个人职场幸福感的基础。需要将社群建设、同情心培养、盟友关系建立以及思维多元化融入福祉计划和激励设计中。最容易入手的方式是建立内部在线论坛或社群，有时也被称为员工资源小组、无限小组等。可通过分享经验、举办教育活动，或者为特定资源小组庆祝相关节日等方式进行，这将有助于培养同情心、增强社群凝聚力。可将参加这些活动纳入员工福祉积分计划，这也是将 DEIB 心理调适培训融入整体福祉计划的一种简便方法。

人力资源"大脑在线"框架

人力资源部门的福利和项目通常是组织团队最大的开支之一，甚至可能是最大的开支项。人力资源部门常常被视为一个大型成本中心，这在无意中会引发公司高层和董事会的消极态度。而采用"大脑在线"的人力资源管理方法，可以扭转这种看法，因为这种管理方式关注的是人力资源团队在打造更高效的员工队伍，营造吸引顶尖人才的文化方面所发挥的积极作用。在与高层管理人员讨论人力资源部门在员工敬业度、工作效率和绩效成果方面的作用时，请随时参考这个人力资源"大脑在线"框架，以表格形式呈现关键内容，能帮助你在关注组织团队及其成员福祉时突出重点。

人力资源部门	传统人力资源模式	"大脑在线"的人力资源模式
财务角色	成本中心	投资中心
交付模式	各自为政	整合协同
部门职能	业务支持	创造业务价值
部门目标	吸引和留住人才	吸引、留住和关怀人才
专业领域	整体薪酬、职业发展、多元化与公平	人员绩效、能量管理、员工体验

（续）

人力资源部门	传统人力资源模式	"大脑在线"的人力资源模式
业务贡献	打造高绩效组织	打造心理强大且健康的高绩效组织
员工体验模式	围绕工作职责和任务展开	围绕意义、贡献、归属感和福祉构建
职业福祉模式	基于工作技能获取、薪酬和晋升	基于自主权、精通度、目标、认可和关联性
文化模式	业务解决方案、服务和成果是凝聚团队的纽带	人际联系、关联性、协作、同情心和归属感是凝聚员工的力量，情商是凝聚员工队伍的沟通语言

员工视角	传统人力资源模式	"大脑在线"的人力资源模式
学习与发展	工作技能培训	生活技能、工作技能、大脑优化技能培训；全面的成人发展培养
人才管理	通过 SMART 目标来监控和衡量绩效。基于产出和结果进行年度反馈和认可	通过与基于优势的 SMARTER 目标保持一致来监控和衡量绩效。持续进行 360 度反馈，并基于产出和结果给予认可
薪酬管理	秉持节约心态，控制成本	秉持富足心态，创造财务自由
福利管理	基于恐惧；注重风险规避的产品和制度	基于奖励；旨在提升生活品质的产品和制度
多元化、公平、包容与归属感	关注标准指标和目标（员工队伍多元化、薪酬公平）	更广泛的、以人为本的指标（联系感、包容性，以及公平的薪酬、福利、晋升和奖励）

通过以保持员工"大脑在线"和精力充沛为基础来整合所有人力资源职能和工作成果，你可以将员工的体验从倦怠和压力转变为韧性和成长，从勉强维持转变为蓬勃发展，从毫无意义转变为充满意义。一个践行"大脑在线"理念的组织团队，能够通过改善集体思维，让人力资源的各个方面回归以人为本的本质。

第 11 章
打造"大脑在线"的再生型文化

"我的组织怎样才能真正焕发生机?"

对我来说,没有什么比看到一个组织中的人们真正齐心协力,追逐比想象中更远大的梦想,取得更大的进步更令人激动的了。你能感受到每一个项目、每一个部门都充满活力。每个人都洋溢着积极向上的正能量,这种能量具有感染力,让每个人都充满活力!

一个"大脑在线"的再生型组织,是全体员工通过不断升级组织最强大的"技术"——集体思维,从而展现出最佳状态的最终成果和显著体现。在再生农业中,农民们每年都致力于让土地更加生物多样化和高产。这一理念同样适用于工作环境和组织文化——一个组织有意识、有目的地帮助员工提升技能、提高效率、改善整体生活。神经领导学协会的创始人兼首席执行官戴维·罗克对我的"大脑在线"的再生型组织理念影响深远。他率先提出，组织应日复一日、年复一年地让员工变得更好。他打造再生型组织的路径，重点之一就是培养成长型思维。

"大脑在线"的方法在罗克博士的思想基础上更进一步，其核心原则是，心理健康是构建再生型文化其他要素的基石。每位员工都必须了解自己的情绪触发点，留意日常工作中的障碍，领导者和人力资源团队则要仔细审视自身的互动和沟通方式，避免增加这些触发因素和障碍，有意识地树立榜样，营造更健康、更愉快的工作环境和工作日氛围。员工、领导者和人力资源团队都应该成为工作环境和工作日"土壤"中的积极助力。

为什么要设定打造"大脑在线"再生型组织的目标呢？这是因为组织中的每一项决策、每一次沟通和每一个行动，都源自背后的员工。如果他们的大脑"离线"，企业也会陷入困境。正因如此，"大脑在线"的再生型工作场所，是唯一能成功应对未来不可避免的不确定性、复杂性和变化的组织形式。

我一直观察到，组织中存在员工敬业度低、职业倦怠、高离职率、薪酬差距等诸多问题，其根本原因在于人们大多时候大脑处于"离线"状态，也就是我们前面提到的"线下"状态。这就是为什么在我职业生涯的现阶段，我的理念是：我坚信一个组织的质量和成功，主要取决于拥有一支"大脑在线"的员工队伍。

让我们参照第 3 章的个人"活力迸发型"模型，来看看"大脑在线"的再生型组织与其他类型组织的区别。

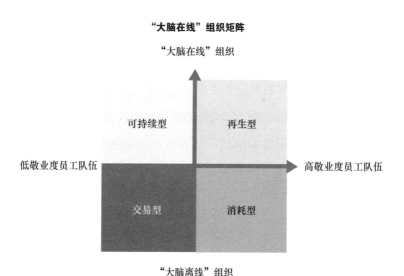

"大脑在线"组织矩阵

"大脑在线"组织

可持续型   再生型

低敬业度员工队伍   高敬业度员工队伍

交易型   消耗型

"大脑离线"组织

交易型组织

这类组织毫无生气，除了日常任务，无法赋予员工更多的工作意义。它可能运转顺畅，但总给人一种空洞、缺乏活力的感觉，与"充满生机"和"再生"完全相反。在这类组织中，雇主与员工的关系非常简单直接——"你做这个，就得到那样的报酬"。有人将其称为命令控制型组织，管理层与员工之间几乎没有有意义的交流。福利和薪酬与组织使命无关，仅仅维持在基本水平。这种组织文化往往带有强烈的规避风险的色彩，常受旧有模式和思维方式（固定型思维、大脑"离线"）的束缚，缺乏进取精神。多年来，同样的程序和运营方式一成不变。员工缺乏敬业度，因为他们感觉自己作为人没有得到认可和关怀。这类交易型组织，或者以交易型模式运作的领导者，往往缺乏情商，也没有将"以人为本"及员工心理健康放在重要位置。

消耗型组织

在这类组织中，员工大脑处于"离线"状态，但生产效率却很高。这是因为组织不断索取，对员工的要求远远超出他们的能力范围，仅以整体薪酬作为回报。消耗型组织还倾向于以更少的资源完成更多的工作，薪酬不公平，认可既不持续也没有意义。这会导致一种有害的文化，使员工感到精疲力竭、不堪重负、疲惫不堪。零售、金融服务、科技、医疗保健、军事等快速发展的行业，以及初创企业等新兴企业，往往容易以消耗型模式运营。此外，那些一年中大部分时间都处于生产旺季，没有安排恢复时间或恢复措施的组织，也属于这一类型。在消耗型模式下，工作内容可能与个人兴趣相符（这就是它有高敬业度潜力的原因），但工作结构和工作环境却对员工的健康和福祉造成了负担。这使得他们只能以"生存模式"和"大脑离线"的状态工作，仅仅为了熬过每一天（就像第 3 章中提到的个人状态象限一样）。从长远来看，组织将为此付出代价，员工健康状况变差、敬业度降低、离职率上升、错误和问题成本增加、协作减少、缺乏创新。

可持续型组织

如今，大多数组织认为这是"黄金标准"。但他们不知道还有更强大、更鼓舞人心的模式，不知道有更好的工作日设计方式，也不知道"大脑在线"的新方法能让员工达到比仅仅实现可持续发展和维持良好关系更好的状态。可持续型组织是一个"还不错"的工作场所，因为它对员工的影响是中性的，或者说"净零"影响。它采用了"正确"的人员管理理念和衡量标准，如员工敬业度和留存率。但从长期来看，在真正吸引员工并激发他们的活力方面，其员工沟通和行动往往效果不一。

例如，这类组织在创新、整体薪酬，或对社会产生更广泛影响等方面投入不足，也缺乏坚实的基础。决策框架仍然严重倾向于商业成果而非人员发展成果，财务策略默认将可自由支配的资金用于商业需求，而没有将投资于员工视为提升商业业绩的关键。这些关键举措往往被推迟到下一年，或者被排在优先事项清单的末尾，资金被优先用于满足商业需求。我理解并同情企业面临的业绩压力，我拥有会计学学位，曾在一家大型私人公司管理数百万美元的预算和损益表。当我与首席财务官和高管们交流时，他们认可我阐述的打造心理强大组织的商业案例，以及实施这种方法的价值回报。实施这一举措并不需要额外资金，只需要领导层保持开放的心态，坚定致力于升级组织最宝贵的 "技术" 和资产——集体思维。

可持续型组织由于没有将以人为本置于商业利益之上，没有将组织优势和使命与个人优势相结合，从而错失了充分吸引员工、赋予员工权力的巨大机会。

再生型组织

成为再生型组织是一个组织可以追求的最高标准。它致力于为员工打造、维护和升级工作环境和工作体验，让他们每天都能 "大脑在线"、精力充沛、心理强大地开展工作。

"大脑在线" 的再生型组织是令人向往的工作场所，在这里，协作自然流畅，团队和个人的表现不断提升。组织帮助员工清晰地看到当天、当季、当年的目标，并以健康、积极的方式帮助他们达到目标。员工理解企业的使命，感到与之一致、备受鼓舞且被包容，知道如何以更协作、更有益身心的方式朝着目标前进。从高层领导到新入职的员工，每个人都能感受到一种积极的、支持性的"大脑在线"能量，这种能量赋予他们力量。大家为组织在商业领域和社会中的立场感到自豪。每个人都清楚每次互动或会议的支持性规则：

- 发言或回复邮件前可以先暂停一下，审视自己的情绪状态，避免触发他人的情绪。

- 当团队中有人表现出大脑"离线"时，以好奇和富有同情心的态度询问，关心他们的心理健康。

- 成为"大脑在线"理念的守护者。这意味着在情况不妙时，相互帮助，让彼此振作起来，重回正轨。必要时，经理会鼓励并支持员工休假或在工作日暂停一下，让员工的大脑得以休息和恢复精力。

我建议"大脑在线"的再生型组织遵循四条原则，以丰富工作环境，加强与每位员工的关系，营造一个让人蓬勃发展的生态系统。

原则1：采用关怀契约

过去，员工与组织之间的关系非常功利。员工完成工作任务，换取工资报酬。后来，发展到通过奖励（主要是薪酬和一系列福利）来吸引和留住员工。然而，这仍然没有将员工的福祉或个人生活置于雇佣合同的首要和核心位置。在员工为组织工作期间，这种关系并没有更进一步，承担起关怀员工的责任。"大脑在线"的再生型方法扩展了人力资源部门吸引、留住和关怀人才的传统理念，将在组织工作的福利转变为一份"关怀契约"，为员工提供他们所需的情感和心理支持。部分通过大力推进多元化、公平、包容与归属感工作，消除偏见和不平等，采用综合的人力资源方法来实现这一点，让员工在与组织的每一次互动和体验中，都能感受到被关怀。部分体现在我们在第 8 章讨论过的个人大脑充电法中，这些项目帮助员工开展自我关怀活动。最重要的是，培养"大脑在线"的领导者，他们负责每天将这份契约落实到管理工作中。这份关怀契约是员工体验的新体现。

原则 2：以情商为核心

为了让员工在心理上感到被支持、有联系、受重视，每个人都需要理解并学习情绪自我掌控和调节，这两项核心技能应融入所有学习和培训模块。在决定组织成功与否方面，这些人际交往技能与工作技能同等重要。在组织层面，情商也起着重要作用。在组织的繁忙季或预算季，员工会感到更大的压力和倦怠，很容易陷入大脑"离线"模式。此时，员工会出现更多触发性事件，导致更多错误、问题、紧张和冲突。在这个时候，要确保团队持续参考本书提供的组织行动指南，不断练习我们讨论过的心理调适练习。衡量一个心理强大、情商高的组织的首要标准是，每一项决策或沟通都有意加强，而非削弱与员工的联系。

原则 3：确保沟通无触发因素

到现在你应该已经了解，措辞不当可能瞬间触发员工的负面情绪，让他们的大脑"关闭"。恰当的话语则能激发正能量，为员工的一天、一个季度甚至一整年注入动力。无论组织是设有内部沟通部门，还是由部门或业务领导撰写与员工沟通的内容，他们唯一的重点都应该是以积极、透明的方式推动员工迈向未来。不要让员工悬着一颗心，猜测会发生什么。这会产生不确定性，而那是员工在工作中最不想感受到的。沟通时具体、清晰，有助于人们从理性层面而非情绪层面进行思考。此外，持续征求员工反馈是一种激励员工的方式，能让他们保持精力充沛，专注于公司的使命和未来发展方向。

原则 4：奖励成长型思维

在第 5 章，我花了大量时间讨论基于个人优势的新目标设定方法。这种目标设定方法在组织中取得成功，是因为人们被鼓励也被期望拥有成长型思维。为了让员工和团队蓬勃发展，让企业取得成功，组织必须奖励成长型思维。对一个组织来说，这强化了一种观念，即如果把失败视为学习机会，那么失败是可以接受的。有些公司甚至奖励那些"聪明"失败的员工，鼓励他们总结经验教训，基于此优化工作流程。奖励的目的是让员工保持"大脑在线"，激发他们对创新和改进公司的热情，而不是让他们害怕失败或规避风险。

"大脑在线"组织审计

以下"大脑在线"审计可以帮助你评估组织和文化在多大程度上践行了上述原则。

关怀评估

- 领导者是否真正重视员工，员工是否感受到被重视？

- 组织内的人们是否相互尊重、支持和关怀，而不仅仅把彼此当作完成工作任务的员工？

- 组织的资源、项目、制度和环境是否支持员工在各方面实现良好发展？

- 员工是否获得了安全、高效工作所需的工具和资源？

- 员工是否受到鼓励并得到支持，能够真实地做自己？

- 恢复精力是否是工作日的一部分？

- 员工在这里工作是否感到开心和自豪？

情商评估

- 人们是否在关注外在表现之前，先掌控好自己的内心状态？

- 领导者和工作环境是给予员工自主支持，还是单纯依靠激励来驱动行为？

- 组织是否鼓励个人不断提升思维，努力成为最好的自己？

- 互动、决策和沟通是否采用"大脑在线"的方法？

- 在会议开始、日常运营、压力大的日子或生产旺季，是否有故意的暂停或战略性沉默？

- 好奇、同情和赞赏式询问是否是探索和理解的基础？

沟通评估

- 组织的使命、愿景和价值观是否清晰阐述？每位员工是否知道自己在其中的角色？

- 与员工的沟通是否清晰、及时且有意义？员工是否被鼓励分享想法和进行反馈？

- 组织是否倡导问责制？规则是否明确且对所有人一视同仁？

- 组织使用的语言和措辞是否强化了员工与雇主、同事之间的关系？

成长评估

- 员工是否被赋予权力并能够发挥自己的优势？

- 组织是否为员工提供持续反馈，以促进他们不断成长和发展，而不仅仅是衡量绩效？

- 工作环境是否鼓励创新、创造力和有意义的工作？

- 人们是否带着成就感和目标感完成自己期望的事情？

- 成长型思维是否是学习的基础？

再生精神激发活力

借用好莱坞的说法，一个"大脑在线"的再生型组织具有一种"独特魅力"。这种组织有一种难以捉摸但极具吸引力的特质，你在与其初次接触时能略感一二，但只有在这种文化中工作一段时间后，才能真正体会到。它体现在人们日复一日的合作感受中，体现在他们相互关怀、富有同情心、相互协作、紧密联系的相处方式上。会议开始时，会议室里立刻充满活力。每个人都有归属感，没有阴谋或隐藏的议程。一天结束时，人们比开始时更有活力，内心更充实。

作为一名幸福领域的专家，多年来我与数百家公司合作，一次又一次地认识到，人员和绩效问题的根本原因在于工作时大脑"离线"。打造一个充满生机的组织，首先要致力于采用"大脑在线"的方法，教会人们大脑的运作方式，如何与自己的大脑建立更好的关系，如何在大脑"离线"时自我觉察，以及如何养成习惯、掌握技能，让自己一整天都精力充沛。

从根本上说，这是一种全新的个人和组织操作系统，以人为本、为人设计，旨在重塑我们的思维方式、感受方式和工作方式。作为个人、组织和社会，我们未来的幸福和成功，取决于能否捕捉到这种再生的能量和精神。大脑在线！

结语：行动时刻！开启高效工作日

各就各位，预备……大脑在线！

恭喜你，在"教练"的陪伴下读完了这本书，现在你已经清楚地认识到，在工作中优先关注心理健康至关重要。

对心理健康和心理调适练习的这种基础性理解仅仅是个开始。无论你是企业高管、人力资源专业人士，还是值得信赖的员工，接下来的挑战是，将所学知识融入日常工作，运用这些策略和方法，并与同事、朋友分享。

我现在给你一个机会——没错，就是此刻——改变现状，开启高效的工作日。第一步是确保你不会陷入那些习以为常但效率低下的工作习惯（比如大脑"离线"、自动执行任务），要运用前面章节分享的行动指南和心理调适练习。

要想拥有高效的工作日，坚持和日常练习至关重要。每天工作时，你都会面临不断变化且充满挑战的"工作日障碍赛道"，所以越早开始行动越好。好消息是，你对这条艰难的"赛道"已经了如指掌，90% 的挑战都记录在你的日程表和待办事项清单上。更棒的是，为了强化大脑，你并不需要特殊的设备、最新的健身装备，你只需要坚定的决心、积极的态度，以及对自己的耐心，就能做得很出色。

你现在就可以开始行动。

永远记住，人类的大脑从诞生起就从未升级过。你的习惯不会在一夜之间改变，提升大脑需要你付出一定的努力。工作场所为你提供了无数练习所学技能和增强心理韧性的机会。

在一天中随时留意自己的大脑是"在线"还是"离线"，这对达到你追求的目标大有帮助。带着同情心、好奇心和感恩之心投入工作，专注任务，不受干扰。这些特质会增强你的心智敏锐度，你进行日常练习时，会立即看到效果，取得重要成果。

另外，别忘了"眼不见，心不念"。这意味着，《刻意认知》这本书应常放在手边，这样在你需要的时候就能随时查阅。每当你感到愤怒、沮丧或不堪重负，意识到大脑可能"离线"，需要重新调整状态时，《刻意认知》应触手可及，成为你的首要资源。从现在起，它就是你最重要的在职培训资料。

本书将成为你不可或缺的提醒，帮助你不断审视自己，理解当下状况。然后你可以重新调整、补充能量，让大脑"在线"。

对于一个组织而言，采用综合的人力资源方法和"大脑在线"框架，将为打造、优化和维护有利于大脑高效运转的环境奠定良好基础。这样，你就能营造一个充满成长机会、人际关系紧密、高效且有益的"再生型障碍赛道"工作环境。

你已经具备成功的条件。现在，你拥有了优先关注心理健康所需的所有工具和知识，以及在今天和未来赢得高效工作日的策略与技能。

大脑在线！比赛开始！

你肯定能行。

去开启高效的工作日吧！

参 考 文 献

这些参考文献深刻影响了我多年以来对大脑相关概念、观点的认识和思考。衷心感谢我个人"智囊团"中的心理学家、神经科学家、医生、研究人员和作家们，是他们引领我成了你的脑力训练师。

1 Dr Evian Gordon, Founder and Chief Medical Officer at Total Brain, www.totalbrain.com/about-us.

2 Daniel Levitin, *The Organized Mind* (Penguin Press, 2015).

3 Dr. Nathaniel Kleitman, Professor Emeritus in the Department of Physiology at the University of Chicago, www.uchicagomedicine.org/forefront/news/nathaniel-kleitman-phd-1895-1999.

4 Dr. Jeffrey Schwartz, *Brain Lock* (HarperCollins, 1996).

5 Dr. Daniel Amen, *Change Your Brain, Change Your Life* (Crown, 1998).

6 Rick Hanson, *Hardwiring Happiness* (Harmony, 2013).

7 Dr. Daniel Siegel, Clinical Professor of Psychiatry at the UCLA School of Medicine and founding Co-Director of the Mindful Awareness Research Center, drdansiegel.com/hand-model-of-the-brain.

8 Dr. David Rock, *Your Brain at Work* (Harper Business, 2009).

9 Greater Good Science Center, University of California-Berkeley, Faculty Director Dacher Keltner, greatergood.berkeley.edu/article/item/how_many_different_human_emotions_are_there.

10 Brené Brown, *Atlas of the Heart* (Random House, 2021).

11 Sharon Salzberg, *Real Happiness at Work* (Workman Publishing, 2013).

12 Dr. Amishi Jha, *Peak Mind* (HarperOne, 2021).

13 Carol Dweck, *Mindset* (Random House, 2006).

14 Gallup, "What Is Employee Engagement and How Do You Improve It?", www.gallup.com/workplace/285674/improve-employee-engagement-workplace.aspx.

15 Tom Rath, *Life's Greatest Question: Discover How You Contribute to the World* (Silicon Guild, 2020).

16 Marcia Wieder, *Dream, Clarify, and Create* (Next Century, 2016).

17 Gallup, "How to Set Goals (Then Achieve Them) Using CliftonStrengths," https://www.gallup.com/cliftonstrengths/en/358019/set-goals-using-your-strengths.aspx.

18 Shawn Achor and Michelle Gielan, "Consuming Negative News Can Make You Less Effective at Work," *Harvard Business Review,* September 14, 2015, https://hbr.org/2015/09/consuming-negative-news-can-make-you-less-effective-at-work.

19 Tony Schwartz, *The Way We're Working Isn't Working: The Four*

Forgotten Needs That Energize Great Performance (Free Press, 2010).

20 Ellen Langer, *The Power of Mindful Learning* (Da Capo, 1997).

21 Jim Dethmer, *The 15 Commitments of Conscious Leadership: A New Paradigm for Sustainable Success* (Conscious Leadership Group, 2015).

22 Dr. Darren Weissman, *Awakening to the Secret Code of Your Mind* (Hay House, 2010).

23 Janice Marturano, *Finding the Space to Lead: A Practical Guide to Mindful Leadership* (Bloomsbury Press, 2014).

24 Tara Brach, *Radical Compassion: Learning to Love Yourself and Your World with the Practice of RAIN* (Penguin Life, 2019).

25 Dr. Martin Seligman, Director of the Penn Positive Psychology Center, https://ppc.sas.upenn.edu/people/martin-ep-seligman.

26 Scott Shute, *The Full Body YES! Change Your Work and Your World from the Inside* Out (Page Two, 2021).

27 Dr. Dan Siegel, drdansiegel.com/healthy-mind-platter.

28 Daniel Pink, *A Whole New Mind* (Riverhead Books, 2005).

致 谢

我非常感激多年来帮助我训练大脑、积累心理韧性专业知识的人们，是他们最终推动我实现了创作这本书、与世界分享我的见解和成果的梦想。这份感谢名单肯定不够全面，希望那些对我的工作和生活有影响，但我没能提及的人能提前谅解。能得到这么多人多方面的支持，我觉得自己无比幸运。

我的图书团队：首先，如果没有 KN Literary Arts，没有才华横溢的合著者 Melinda Cross，本书就不可能诞生。她巧妙地将我几十年来的经验和愿景呈现在书中，把我大量的研究、想法和思考转化为意义非凡的知识宝库。我还要感谢 Tanmay Voya，他出色的插画和视觉设计为文字增色不少。同时，我要衷心感谢 Amplify Publishing Group 的杰出团队，尤其是制作编辑 Myles Schrag、平面设计师 Liam Brophy 和文字编辑 Tom Gresham，他们以极具吸引力、便于理解的方式将所有内容整合在一起。

　　我的社交支持网络：在写作本书的过程中，尽管很多时候我都把自己关在办公室里做研究和写作，但我从未感到孤单。我特别要感谢我了不起的丈夫 David，还有两个可爱的女儿 Alyssa 和 Ashley，他们是我的坚强后盾、啦啦队和倾诉对象。我也非常感激我的姐姐 Julie Watson、嫂子 Amy Smolensky 和姑姑 Margie Cooper，在我遇到困难或气馁时，他们日夜陪伴，帮助我保持"大脑在线"。最后，感谢过去一年里一直关心我、支持我的众多朋友和行业专家，尤其是 Michelle Spehr、Ellen Rogin、Jen Arnold、Mim Senft、Carol Wagner、Michelle Rickard、Sarah Berkley 和 Doreen Davis。

　　我工作中的英雄们：衷心感谢我在 NFP 的所有出色同事和领导，能与他们共事是我的荣幸，我视他们为工作中的家人。言语难以表达我对经理 Kim Bell 的诚挚谢意，当我向她提出写书的想法时，她毫不犹豫地表示支持，并且一直支持我的兴趣项目和梦想。感谢 Rose Gregory、Rick Westfall、Jacob Boston、Tom Berno 以及 NFP 整个营销、写作和社交团队，在整个项目中给予我的支持和指导。我还要感谢优秀的经理 Mike Schneider 和 Shawn Ellis，他们一直为我提供机会，让我能按照自己的兴趣、优势和愿景成长和贡献力量。感谢 NFP

的整个执行领导团队和人力资源团队，包括 Doug Hammond、Mike Goldman、Eric Boester、Ed O'Malley、Mike James、Suzanne Spradley、Ginette Quesada-Kunkel、Mary Steed、Pamela Wheeler 和 Chris LaMour，他们以身作则，确保 NFP 成为一个"大脑在线"的再生型组织。最后，我很幸运能与一群我认识的最优秀的幸福专家共事，他们每天都支持我，帮助我们的客户在全球范围内打造"大脑在线"、充满活力的文化氛围。

我了不起的老师们：除了书中引用的杰出思想引领者，我还想特别感谢多年来有机会向其学习并交流的行业领导者。他们对我的个人生活和工作产生了深远影响，包括 Daniel H. Pink、David Rock 博士、Dr. Evian Gordon 博士（医学博士、哲学博士）、Amishi Jha 博士、Kelly McGonigal 博士、Jeremy Hunter 博士、C. Otto Scharmer、Chip Conley、Michelle Maldonado、Lisa Lahey 博士（哈佛教育学院）、Scott Shute、Daniel Goleman 博士、Tom Rath、Chade-Meng Tan、Martin E. P. Seligman 博士、Darren Weissman 博士、Jim Dethmer、Marc Brackett 博士、Sharon Salzberg、Rick Hanson 博士、Daniel G. Amen 博士（医学博士）、Ron Friedman 博士、Byron Katie、Tim Ryan、

Arianna Huffington、Bruce H. Lipton 博士、Raj Sisodia 博士、Jon Kabat-Zinn 博士、Daniel J. Siegel 博士、Janice Marturano、Joel Bennett 博士、Mari Ryan、Brian Luke Seaward 博士、Debra Lafler 博士、Laura Putnam、Ron Goetzel、Claude Silver、Eric Langshur、Judd Allen 博士、Rosie Ward 博士和 Jennifer Pitts 博士。

我的个人梦想团队：每天，我都感谢我了不起的梦想团队，其中有专家、治疗师、教师、思想领袖和机构，多年来，他们帮助我日复一日地增强心理韧性。这个名单包括 Timothy Voll 博士、Laura Rategan、Stephanie Meis、Cindy Perloff、Maya Marcia Wieder、Debra Poneman、Molly Zaremba、Gabby Bernstein、Amanda Holly 博士、Donald Zimmerman 博士、Debra Ehrlich 博士、Nancy Marder 和无限基金会、彭博研究所、Steven Best 博士、Mo Edjlali 博士和正念领导者组织、内部 MBA 课程、智慧 2.0 大会、神经领导学协会、美国国家健康研究所、WELCOA、《美国健康促进杂志》（*American Journal of Health Promotion*），以及 Resolute Public Affairs 的整个团队。

刻意认知
让你的大脑一直在线

作 者 介 绍

黛布·斯莫伦斯基是一位备受欢迎的作家、演讲者，也是职场绩效与健康领域的获奖思想引领者。她担任公司的全球幸福与员工敬业度实践主管，同时为保险科技、金融科技和数字健康初创企业及社区提供咨询服务。在过去的 25 年里，黛布获得了众多组织健康和生产力方面的认证。她与包括众多《财富》世界 500 强企业在内的各类客户合作，制定策略、项目和实践方案，通过创新、有意义且吸引人的解决方案，帮助员工和高管在工作中过上健康、高效的生活。